内蒙古财经大学统计与数学学院学术丛书

多智能体系统

有限时间
一致性控制问题

SEVERAL ISSUES OF
FINITE-TIME CONSENSUS CONTROL
FOR MULTI-AGENT SYSTEMS

何小燕◎著

本书的出版得到了内蒙古财经大学统计与数学学院学科建设经费、国家自然科学青年基金项目"无领导者多智能体系统的分布式有限时间一致性控制"（11602115）、国家自然科学基金地区项目"不确定多智能体系统的自适应有限时间编队控制"（11962019）、内蒙古高等学校"青年科技英才支持计划"（NJYT-17-B33）、内蒙古经济数据分析与挖掘重点实验室等项目的资助。

经济管理出版社
ECONOMY & MANAGEMENT PUBLISHING HOUSE

图书在版编目（CIP）数据

多智能体系统的有限时间一致性控制问题 / 何小燕著. —北京：经济管理
出版社，2019.9

ISBN 978-7-5096-5998-4

Ⅰ. ①多… Ⅱ. ①何… Ⅲ. ①复杂性理论—研究 Ⅳ. ①TP301.5

中国版本图书馆 CIP 数据核字（2019）第 244814 号

组稿编辑：王光艳
责任编辑：李红贤
责任印制：黄章平
责任校对：张晓燕

出版发行：经济管理出版社
　　　　　（北京市海淀区北蜂窝 8 号中雅大厦 A 座 11 层　100038）

网　　址：www.E-mp.com.cn
电　　话：（010）51915602
印　　刷：北京晨旭印刷厂
经　　销：新华书店
开　　本：720mm×1000mm /16
印　　张：10
字　　数：103 千字
版　　次：2020 年 5 月第 1 版　　2020 年 5 月第 1 次印刷
书　　号：ISBN 978-7-5096-5998-4
定　　价：68.00 元

内蒙古财经大学统计与数学学院学术丛书

编委会

总主编：杜金柱

编委会：王春枝　郭亚帆　巩红禹　米国芳

总　序

内蒙古财经大学坐落于内蒙古自治区呼和浩特市，始建于1960年，是国家在少数民族地区最早设立的财经类高校。经过60年的发展，内蒙古财经大学现已成为一所以本科教育为主、同时承担研究生培养任务，以经济学和管理学为主，理学、法学、工学、文学融合发展，具有鲜明地区和民族特色的财经类大学。

内蒙古财经大学统计与数学学院的前身是统计学系，2007年与我校基础教学部的数学教研室合并，组建成立统计与数学学院。学院现有统计学和数学两大学科。其中，统计学学科始建于1960年，是内蒙古自治区重点学科，具有60年的办学经验和管理经验，形成了优良的治学传统，培养出了大批硕士、本科及专科各层次的优秀人才。统计学学科拥有统计学一级学科硕士学位以及应用统计学专业硕士学位授权点。学院2015年设立了内蒙古自治区唯一的经济统计学蒙汉双语授课专业；应用统计学专业于2019年入选国家一流专业建设点；经济统计学专业是内蒙古品牌专业,"经济数据分析与挖掘"实验室被评为自治区重点实验室。

随着我院两大学科的发展与壮大,教师的学历和科学研究水平不断提升。近年来共承担国家级项目14项,其中国家哲学社会科学重大项目1项;省部级项目40余项。

为提升我院的影响力,营造良好的学术研究氛围,我们组织部分具有博士学位的教师撰写并出版了该套丛书。丛书崇尚学术精神,坚持专业视角,客观务实,兼具科学性、严谨性、实用性、参考性,希望给读者以启发和帮助。

丛书的研究成果及结论属个人或团队观点,不代表作者所在单位或官方观点,书中疏漏、不足之处敬请国内外同行、读者批评指正。

编委会感谢内蒙古财经大学对本套丛书的出版资助。

编委会
2020 年 5 月

前　言

　　多智能体系统的研究基于复杂网络与控制理论的相互融合，是一个涉及数学、物理、生物、计算机、电子通信、自动控制以及人工智能等多学科交叉的研究方向。一方面，由于多智能体系统中智能体间的通信只能在局部范围内完成，再加上不完备的问题解决能力，对系统实施分布式协调控制要比传统的中心控制更适合完成系统的一致性；另一方面，实现系统的有限时间一致性控制，可以节省成本，克服系统的不确定性，有效地抑制外部扰动，提高系统的鲁棒性等。

　　本书研究了以下几个问题：

　　其一，解决了多领导者二阶异质多智能体系统，在外部有界干扰下的有限时间包容控制问题。基本的研究思路是，首先基于智能体间的有向通信拓扑，给出了多智能体系统对应的误差系统。针对误差系统提出基于智能体相对信息的终端滑模变量，利用滑模变量设计了有效的分布式控制协议。构造出了有效的 Lyapunov 函数，在分布式控制协议的作用下，给出理论推导过程。进而对 Lyapunov 函数求导数，验证满足 Lyapunov 有限时间稳定性定理，即说明滑模变量将在有限时间 t_1^* 内收敛到零。进一步利用终端滑模控制技术，分析说明系统的误差变量将在滑模面上有限时间 t_2^* 内滑到平衡点，即可得系统跟随者的状态信息将在有限时间 $T=t_1^*+t_2^*$ 内进入到领导者状态信息的凸包内。

其二，解决了无领导者二阶积分器多智能体系统的有限时间一致性控制问题。基于前人给出的二阶分布式渐近一致性控制协议，利用智能体间相对信息给出了新的分布式有限时间控制协议。首先讨论了当智能体的通信为无向连通拓扑时，在控制协议的作用下，利用 Lyapunov 有限时间稳定性理论、矩阵理论以及图论等知识，理论上证明系统智能体的状态信息将在有限时间内收敛到全部智能体状态信息的平均值，并求出了具体的收敛时间。进一步拓展到有向强连通通信拓扑，同理验证了给出的分布式控制协议是有效的，且得出智能体的状态信息在有限时间内收敛到了全部智能体状态信息的加权平均值。这两部分主要内容反映了控制参数的选取与收敛时间的确定都与对应拓扑图的代数连通度有关。

其三，解决了多刚体飞行器系统的有限时间协调姿态追踪控制问题。含有一个领导者的多刚体飞行器系统，其对应的通信拓扑为含有生成树的有向图。在系统的通信受限时，跟随者飞行器可以探测到领导者的姿态信息 σ_0，只有一小部分的跟随者可探测到领导者的信息 $\dot{\sigma}_0$。当领导者的姿态信息有界时，首先给出滑模估计协议对跟随者将要达到理想姿态信息做出有限时间估计。利用估计姿态信息给出了分布式滑模控制协议，并详细地给出了理论推导证明，得到跟随者的姿态信息将在有限时间内协调追踪上领导者姿态信息。

其四，解决了受到外部干扰的一类二阶 Lipschitz 连续的非线性多智能体系统的有限时间一致性控制问题。在含有生成树的有向拓扑下，分别讨论了多领导者结构下的包容控制和具有一个领导者的跟踪控制。首先针对领导者的位置和速度信息都不可测的多领导者的系统，给出了二阶滑模估计协议，在有限时间内得到了跟随者对领导者状态信息的理想估计，利用估计信息设计分布式控制协议，使得系统达到了有限时间包容控制。进而可将系统简化为有一个状态信息可测的领导者的二阶非线性多智能体系统，给出对应的分布式跟踪控制协议，在有限时间内得到了跟踪一致性。

与本书相关的后续研究主要有以下几点：研究无向连通和有向强连通通信拓扑下的二阶无领导者非线性系统的有限时间一致性问题；研究无向连通和有向强连通通信拓扑下的无领导者多刚体系统的有限时间一致性问题。上面两点主要针对的是在无向连通和有向强连通通信拓扑下的系统的有限时间一致性问题，进一步可将结果扩展到具有通信受限和通信时滞的拓扑网络中；在上述问题的研究中都需要设计有效的分布式控制协议，针对不同的系统如何设计新的协议以减少在线调整的参数数量是一个很有实际价值的研究方向。

　　本书的出版得到了内蒙古财经大学统计与数学学院学科建设经费、国家自然科学青年基金项目"无领导者多智能体系统的分布式有限时间一致性控制"（11602115）、国家自然科学地区基金项目"不确定多智能体系统的自适应有限时间编队控制"（11962019）、内蒙古高等学校"青年科技英才支持计划"（NJYT-17-B33）、内蒙古经济数据分析与挖掘重点实验室等项目的资助，在此表示衷心的感谢！

　　由于编者水平有限，本书存在错误和不足之处，恳请大家批评指正！

目　录

第❶章

绪论

近些年，随着科学技术的发展与工程应用需求的增加，有关军事、民用、商业等大型、复杂、动态和开放的系统迅速涌现。为了实现这些复杂系统的稳定性，需要引入新的分布式控制方法理论，完成传统的控制方法所实现不了的控制任务，故而实现多智能体系统的分布式协调控制一致性具有重要的现实应用和理论研究意义。本章将主要介绍本书的研究背景、研究意义、国内外的研究现状以及主要内容结构安排。

1.1 多智能体系统的研究背景与研究意义

多智能体系统的研究基于复杂系统与控制学科的相互融合，是一个涉及数学、物理、生物、计算机、电子通信、自动控制以及人工智能等多学科交叉的方向领域。美国人工智能专家 M. Minsky（1988）把存在于特定环境中，具有自主计算、决策和感知能力，并能与外界环境通信的个体定义为智能体（Agent）。Sumpter（2006）、Ren（2007）、Olfati-Saber（2007）等论述指出，多个具有自主能力的智能体可以彼此通信、相互作用，从而组成了可协作完成某些特定任务的群体系统，即可称为多智能体系统（Multi-agent Systems）。单个的智能体可以是一个机器人、飞行器、车辆、计算机代码、网络传感器，甚至可以是一个生物细胞等。

自然界中有着丰富的集群行为，如鸟类的列队迁徙、鱼群的集体巡游、昆虫的觅食行为以及细菌群的传播等。将这些有着奇特规律的自然现象与实际工程需要相结合，推动了多智能体系统的研究和发展。多智能体系统的理论思想和方法技术广泛地应用到了机械操作、交通控制、商业管理、软件开发、医疗、军事等研究领域中。在多智能体系统中，每个个体之间通过局部通信建立起交互关系，不仅可以避免单个智能体所具有的信息传递、处理、采集以及解决问题等能力的不完备性，更重要的是，使系统具有高效的协调合作能力、精确的问题求解能力，进而达到高级智能水平。由于多智能体系统的自身特点决定了不能执行全局控制，故采用分布式控制策略，来实现各种复杂、繁重、高精度要求的任务。

Ren 等（2008）指出与传统的中心控制理论相比，分布式控制具有以下一些新的特点：

（1）高可靠性。系统采用容错设计结构，将控制功能分布在单个智能体上,这样,单个智能体若出现故障,不会引起系统损耗其他的功能。此外,在系统中利用每个智能体所具有的自主决策能力,可以采用不同的智能体实现不同的任务,从而使系统中每个智能体的可靠性也得到提高。

(2)开放性。系统中各个智能体利用局部网络通信方式实现信息传递,采用开放式、标准化、模块化和系列化等模式来设计分布式控制协议,可改变通信网络中智能体的个数,进而改变或增加系统的功能,并且不影响其他智能体的正常工作。

(3)协调性。系统中的智能体利用网络传感器传输各种信号数据,使整个系统达到信息共享,有效地完成协调工作,最终实现所控系统的任务目标和优化配置。

(4)控制方法齐全。利用反馈、滑模、鲁棒、自适应以及最优控制等先进的控制方法技术,设计出有效的控制协议使系统能够完成具体的任务目标,并且为了抑制外部扰动和系统的不确定性,可使用多种控制方法相融合。

综上所述,对于多智能体系统实施分布式协调控制,可使系统具有自主性、分布性、协调性以及自组织能力、学习能力和推理能力,同时系统在处理实际问题时具有更强的可靠性、鲁棒性以及较高的求解速度。多智能体系统的主要研究目标是利用智能体之间的通信方式,通过网络传感器输入控制信号,使智能体在系统内共同协作完成特定任务,即可把上述问题归为多智能体系统的分布式一致性控制问题。

近年来，多智能体系统的一致性控制理论已经广泛地应用到了各种研究领域，包括生物、物理、复杂网络、机器人、车辆工程、航空航天等科学应用中，如 Wong（2001）提出了多刚体系统的姿态协调控制、Chopra（2009）提出了谐振子系统的同步振荡、Renwei（2007）提出了飞行器的编队控制、Shen（2002）提出了机器人系统的最优协作控制、Olfati - Saber（2006）提出了蜂拥控制、Cortes（2009）提出了传感器网络的估计控制等。多智能体系统分布式一致性控制的研究来源于自然现象、工程应用、社会需求等领域，而且相关的研究成果已经应用于国防建设、国民生产和人民生活等的各个方面。

1.2 研究现状

多智能体系统的分布式一致性协调控制的研究是指根据系统对应的通信拓扑网络，提出只依赖于自身信息和邻居智能体之间局部相对信息的控制协议（Protocol）或算法（Algorithm），在控制协议的作用下，系统中所有智能体的某些状态信息（位置、速度等）将趋于控制目标。多智能体系统分布式协调一致性控制的研究有着丰富的理论基础和广泛的应用价值，引起了学者们的广泛关注和深入研究，下面我们将简要陈述国内外的一些研究结果和研究现状。

1.2.1　多智能体系统的一致性

网络分布式计算起源于 20 世纪 80 年代，随之分布式一致性控制理论得到了广泛的发展，并应用到了计算机科学、复杂网络以及系统科学等领域。相关研究最早开始于 Borkar（1982）、Tsitsiklis（1986）和 Bertsekas（1989）等学者研究的分布式决策系统和并行计算领域中的异步渐近一致性问题。

近年来，以 Vicsek（1995）中提到的 Vicsek 模型为基础，多智能体系统的分布式一致性控制问题得到了很大程度的发展。Vicsek 模型描述了一个简单离散时间模型，系统由 n 个智能体组成，每个智能体在平面上以同样的速率运动，在每个智能体的初始前进方向不同的情形下，第 i 个智能体位置状态如式（1-1）所示。

$$x_i(t+1) = x_i(t) + v\cos(\theta_i(t))$$
$$y_i(t+1) = y_i(t) + v\sin(\theta_i(t))$$
$$(1-1)$$

其中，$\theta_i(t)$ 是第 i 个智能体在 t 时刻的速度方向，有如下的更新方式：

$$\theta_i(t+1) = \arctan\frac{\sum\limits_{j\in\mathcal{N}_i(t)}\sin(\theta_j(t))}{\sum\limits_{j\in\mathcal{N}_i(t)}\cos(\theta_j(t))} + \Delta\theta_i(t), \ i = 1, 2, \cdots, n \quad (1-2)$$

其中，$N_i(t)$ 为 i 个智能体在时刻 t 的邻居集合，含有的元素个数为 $|N_i(t)|$，$\Delta\theta_i(t)$ 为噪声干扰。仿真结果证实了在协议（1-2）的作用下，所有智能体通过局部信息交互实现了以相同的方向移动，即达到方向一致性。

Jadbabaie（2003）提出了没有噪声干扰的线性化 Vicsek 模型：

$$\theta_i(t+1) = \frac{1}{1+|\mathcal{N}_i(t)|}(\theta_i(t) + \sum_{j\in\mathcal{N}_i(t)}\theta_j(t)), \ i=1,2,\cdots,n \quad (1-3)$$

利用代数图论和矩阵理论等知识证明了，若智能体的通信拓扑在有限连续时间区间内为无向联合连通（Jointly connected），最终得到所有智能体的方向趋于一致。在后续的研究结果中，Bertsekas（2007）、Liu（2008）、Tang（2007）、Li Q（2009）针对原始的 Vicsek 模型进一步修正，并得出了一系列相关的一致性条件。

Olfati-Saber 和 Murray（2004）考虑了连续时间的一阶多智能体系统：

$$\dot{x}_i(t) = u_i(t), \ i=1,2,\cdots,n \quad (1-4)$$

其中，x_i 为第 i 个智能体的状态变量，u_i 为控制输入。得出了基于智能体间的通信拓扑的分布式协议：

$$u_i(t) = \sum_{j\in\mathcal{N}_i(t)} a_{ij}(x_j(t) - x_i(t)), \ i=1,2,\cdots,n \quad (1-5)$$

其中，$a_{ij}>0$ 为智能体间通信连接边的权值。文中指出，若智能体间的通信拓扑为强连通平衡图时，在协议（1-5）的作用下，系统（1-4）的智能体的状态变量渐近达到平均一致性（Average consensus），即所有智能体的最终状态达到系统初始状态的平均值 $1/n\sum_{i=1}^{n}x_i(0)$，并且说明控制协议（1-5）的收敛性能与通信拓扑的代数连通度是有关系的。另外，Olfati-Saber 和 Murray 还给出了系统中存在通信时滞时的控制协议，式（1-6）给出了具有时滞的无向联通系统达到一致性的充分必要条件。

$$u_i(t) = \sum_{j \in \mathcal{N}_i(t)} a_{ij}(x_j(t-\tau) - x_i(t-\tau)), \ i=1,2,\cdots,n \qquad (1\text{-}6)$$

Ren 和 Beard（2005）推广了上述结果，考虑了连续时间和离散时间一阶线性多智能体系统的一致性问题，给出了系统在有向切换通信拓扑下实现一致性的充分必要条件是在每一个有界的时间区间内，智能体的通信拓扑联合含有生成树，进一步弱化了固定有向拓扑下的多智能体系统的通信拓扑为有向联合通信，且具有一个生成树（Spanning tree）。

综上所述，Jadbabaie 等（2003）、Olfati-Saber 等（2004）和 Ren 等（2005）给出了多智能体系统分布式一致性控制的基本理论框架，基于以上结论涌现出了大量的研究结果。下面我们分别将系统动力学所用到的控制方法以及工程应用等方面的相关文献总结如下：

（1）积分器类型多智能体系统的一致性研究、积分器类型多智能体系统的动力学模型为：

$$\frac{d^m x_i(t)}{dt^m} = u_i(t) \qquad (1\text{-}7)$$

一阶积分器模型是最简单的动力学模型，研究者们基于 Ren 等（2005）的研究成果，针对系统的通信拓扑、通信时间的连续性以及系统中领导者的个数等问题，并且涌现出了大量的相关研究结果，如 Xiao 等（2004）、Angeli 等（2009）、Zhou 等（2009）。二阶积分器系统是较一阶系统更加复杂的系统，基于牛顿第二定律的思想方法，二阶系统中的两个变量分别表示智能体的位置和速度，控制输入表示系统的加速度。Yu（2010）给出了二阶积分器系统在有向和无向通信拓扑下达到一致性的充分必要条件，指出了分布式控制协议的控制增益与对应通信拓扑的代数连通度有关。Wen 等（2012）研究了通信受限的二阶积分器系统的一致性问题。Tian 和 Liu（2009）针对受到外部扰动且具有不同输入时延的二阶积分器系统，给出了具有抗扰动性的分布式一致性协议，进而使系统的状态达到了一致性和鲁棒性。Ren 等（2006）考虑了飞行器协调控制中的高阶一致性协议设计问题。Xie 等（2009）研究了高阶多智能体系统的输出一致性控制问题，设计了线性状态反馈分布式协议，并得到了保证一致性协议存在的充分条件。

（2）一般线性系统的一致性研究。积分器类型的多智能体系统都是线性系统，如 Tuna（2009）、Qu（2008）、Yang（2011）等的研究结果拓展到了更一般的线性系统中：

$$x_i = Ax_i + Bu_i$$
$$y_i = Cx_i, \ i = 1, 2, \cdots, n \qquad (1\text{-}8)$$

针对上述一般线性系统，Li（2010）给出了达到一致性收敛的充要条件，进一步提出正向无界的一致性收敛域，并说明只要控制增益落入该区域即可实现一致性。

（3）多刚体系统的一致性研究：多刚体系统是一类复杂的非线性系统，如 Ren（2009）提出的机器人、Chen（2011）提出的机械臂、Abdessameud 等（2009）提出的飞行器等组成的系统都可归为多刚体系统。Park（2005）、Wong（2010）、Meng（2010）及现有的大多数的研究结果主要是关于多刚体系统的姿态协调控制问题的讨论，主要利用了 Ahmed（1998）提到的研究思路，利用修正的罗德里格（Rodriguez）参数来描述刚体的姿态，则对应的系统模型可以用 Slotine（1990）提出的 Euler-Lagrange 方程来描述，最终研究的是二阶 Euler-Lagrange 系统的一致性问题。

（4）一些典型的非线性系统的一致性问题：Wen（2014）讨论了 Lipschitz 非线性系统，Wen（2013）和 Duan（2009）讨论了 Lorenz 非线性系统，以及 DeLellis（2013）讨论了 Lur' e 非线性系统等。Yu（2011）和 Yu（2013）分别研究了一阶及二阶 Lipschitz 非线性系统的一致性问题，给出了达到一致性的重要条件。Li（2011）针对 Lur' e 非线性系统给出了一种新的全局一致性方法。Duan（2009）给出了 Lorenz 非线性系统的全局鲁棒同步收敛性。

综上所述，不同类型的多智能体系统对应了不同的动力学，所用到的控制方法也是多样的。而在实际应用中，外界各种各样的未知干扰会影响系统信息的传输，包括外部扰动、信道噪声以及网络数据丢包等，因而能否在存在上述不确定因素的环境中保持稳定是一个系统能否得到广泛应用的关键因素之一，故需要引入不同的控制方法来实现多智能体系统的一致性。

（1）鲁棒与最优控制问题的研究：如在 Li（2012）的研究中讨论了设计最优性能的分布式控制协议实现抗扰动最优一致性，在 Peymani（2014）、Lin（2008）和 Wang（2014）的研究中提出了最

优 H_∞、H_2 控制方法的实现，以及 Zhang（2011）和 Li（2010）提出了求得最优一致性收敛区域等问题。

（2）自适应控制：基于多智能体系统的局部通信特点，利用自适应控制方法来实现系统的一致性控制得到了广泛的应用，在 Su（2011）、Yu（2012）、Yu（2013）、Chen（2014）等的研究结果中有相应陈述。

（3）随机采样与事件驱动控制：为了减少通信消耗，利用随机采样与事件驱动设计分布式控制协议实现系统的一致性控制，可见 Dimarogonas（2012）、Fan（2013）、Seyboth（2013）等的研究结果。

（4）时滞和饱和控制：考虑到实际工程条件的限制，针对具有时滞通信与饱和约束的系统采用的控制方法，可见 YuWW（2013）、Loos（2014）、Pan（2014）的成果。

利用以上控制方法可实现多智能体系统的一致性问题，并已广泛地应用到了实际工程中，如 Liu（2013）与 Lu（2012）提出了分布式编队控制（Distributed formation control）、Zhu（2013）与 Wang（2013）提出了聚散控制（Flocking problem）、Dong（2014）与 Matei（2012）提出了分布式滤波（Distributed filtering）。

1.2.2　多智能体系统的有限时间一致性

在关于分布式一致性控制问题的研究中，收敛性能是评价控制系统优劣的关键性指标。目前在绝大多数的研究中用到的控制方法，以指数形式得到的收敛速度最快，但其无法得到更好的收敛性能，因为关于满足 Lipschitz 连续条件的闭环系统，基于已知的控制方法和理论分析得到的都是渐近稳定性控制。基于控制系统时间优化方面的研究，系统能够在有限时间内收敛是最优的控制目标，用到的控制方法也是最优的控制方法。由于有限时间分布式控制协议中带有分数阶幂项，使得有限时间收敛的控制系统要比一般渐近收敛控制系统具有更强的鲁棒性能和抗扰动性能，可见 Bhat（1998）与 Hong（2001）的研究结果。故而关于多智能系统的分布式有限时间一致性控制问题的讨论，在工程实践的应用和科学理论的发展方面都有着重要的研究意义。下面我们分别从系统实现有限时间控制用到的控制理论方法和不同类型多智能体系统实现有限时间一致性研究这两个方面陈述一些相关的研究结果。

齐次理论、滑模控制技术，以及 Lyapunov 有限时间稳定性理论，是多智能体系统实现有限时间控制主要用到的理论方法。

（1）齐次理论：Bhat（1997）首次讨论了齐次系统有限时间问题，指出如果一个齐次系统是渐近稳定的，且齐次度为负，则此齐次系统有限时间稳定。基于 Bhat（1997）的结论，Wang（2008）与 Zhao（2013）分别研究了一阶、二阶系统以及多刚体在无向和有向拓扑下的有限时间一致性问题，而齐次理论的局限性是只能处理齐次系统的有限时间稳定问题，且不能求出具体的收敛时间。

（2）滑模控制：为了实现系统在有限时间收敛，并能有效地抑制外界环境存在的扰动，设计滑模控制协议可实现系统的一致性。滑模控制技术具有抗扰动性、有限时间收敛的鲁棒性并可求出具体的收敛时间等优点，故在有限时间控制问题中得到了广泛的应用。Cortes（2006）首次利用滑模控制方法研究了一阶系统的有限时间一致性问题。Khoo（2009）利用终端滑模技术研究了具有单个领导者的多刚体系统的有限时间一致性跟踪问题。基于 Cortes（2006）与 Khoo（2009）的结论，Hui（2008）、WangL（2010）、ZhaoLW（2013）、YuSH（2005）、Song（2015）纷纷将滑模控制方法应用到了一阶、二阶多智能体系统中，分别得到了有限时间跟踪控制、包容控制以及无领导者系统的有限时间一致性。

（3）Lyapunov 有限时间稳定性理论：上述给出的有限时间控制方法大多是在 Lyapunov 有限时间稳定性理论的基础上实行的，主要的思路是针对设计的控制协议构造有效的 Lyapunov 函数，对 Lyapunov 函数求导数验证满足有限时间稳定性的理论条件，亦可求出具体的收敛时间，见 Bhat（1997）、Bhat（2000）、Zhong（2015）、ZhangYJ（2013）、LiSH（2011）的研究结果。

将上述有限时间控制方法理论应用到不同动力学的多智能体系统中，出现了一系列的文献结果。

（1）一阶积分器多智能体系统的有限时间一致性问题。Cortes（2006）针对一阶积分器多智能体系统首次提出了一种不连续的有限时间一致性算法，并利用非光滑分析法证明了算法的有效性。Jiang（2009）研究了在固定和切换拓扑下一阶积分器多智能体系统的有限时间一致性问题。Wang（2010）分别研究了无向通信拓扑和双向通信下一阶积分器系统的有限时间一致性问题。Xiao（2009）设计了基于饱和控制的有限时间控制协议，最终得到了系统的有限时间一致性。随之，Du（2013）给出了一个控制输入有界的有限时间一致性协议，并将该算法推广到时滞系统中。在切换拓扑下具有时滞的一阶积分器多智能体系统的有限时间一致性问题在 Sayyaadi（2011）的研究结果中得到了证明。Lu（2013）实现了有一个动态领导者的多智能体系统分别在固定和切换拓扑下的有限时间跟踪控制。Hui（2011）研究了一阶积分器多智能体的有限时间聚集现象，设计了三种不同的协议，使得智能体的状态信息在有限时间内收敛到一个不变集内。

（2）二阶积分器多智能体系统的有限时间一致性问题。

学者们基于二阶积分器系统的渐近一致性收敛和一阶系统的有限时间控制的结果，进一步讨论了二阶积分器多智能体系统的有限时间一致性控制问题。LiSH（2011）利用有限时间 Lyapunov 稳定性理论，将 Do（2013）研究结果中关于一阶系统的控制算法推广到无向拓扑下的二阶多智能体，给出了基于观测器的有限时间控制协议，从理论上证明了具有领导者（Leader-follower）的多智能体系统的有限时间一致性。Wang（2008）针对二阶无领导者（Leaderless）积分器系统，利用齐次理论方法设计了连续的有限时间一致性协议，在控制协议作用下实现了无领导者情况下的有限时间一致性控制。进而，ZhaoLW（2014）利用终端滑模控制方法提出了基于邻居智能体的位置与速度信息的有限时间一致性控制协议，实现了二阶多智能体系统的有限时间一致性跟踪问题。在领导者智能体的信息不可测的情形下，Cao（2010）分别引入了一阶和二阶分布式滑模估计器，首先在有限时间内估计出了领导者的状态信息，利用估计信息设计了一个有限时间的跟踪控制协议，分别实现了一阶、二阶多智能体系统的分布式有限时间跟踪问题。Di（2011）引入了分布式有限时间观测器，准确地将领导者的位置和速度信息在有限时间估计出来，随之给出了具有抗扰动性的一致性协议，实现了有限时间包容控制。Zheng（2012）和Zheng（2014）分别在固定与切换通信拓扑下考虑了二阶异质多智能体系统（领导者和跟随者智能体的动力学是不一样的）在速度信息可测和不可测两种情形下的有限时间跟踪问题。Xu（2012）针对二阶积分器多智能体系统，设计了有限时间滑模控制协议，实现了有限时间跟踪一致性，并求出了具体的收敛时间。Zhang（2012）利用齐次理论比较全面地讨论了二阶积分器多智能体系统在无向拓扑和有向拓扑下具有领导者的有限时间一致性问题，并将结果拓展到无向拓扑下耦合谐振子网络的有限时间一致性问题。综上所述，关于一阶、二阶积分器系统具有领导者有限时间一致性的结果较多，而关于无领导者系统的一致性结果要比具有领导者情形下的一致性更难得到，故相关的研究结果也是较少的。Zhao（2014）考虑了二阶无领导者积分器系统的有限时间一致性问题，利用齐次理论提出了饱和控制协议，最终得到了有限时间一致性，但并没有求出具体的收敛时间。

（3）多刚体系统的有限时间一致性问题。由于实际工程的需要，实现多刚体系统的有限时间一致性控制有着重要的现实意义。MengZY 等（2010）基于积分器多智能体系统的有限时间一致性研究，进一步讨论了无向拓扑下具有多领导者的多刚体系统在无向通信拓扑下的有限时间包含控制问题，分别针对领导者的状态信息固定和可变两种情形，提出了基于相对信息的分布式有限时间控制算法，使得跟随者在有限时间内收敛到了由领导者的状态信息生成的凸包内。Do（2011）首先讨论了单个航天器的姿态协调问题，并进一步将结论拓展到多航天器系统中，分析了在外界扰动存在和不存在情形下的有限时间姿态协同问题。Chen（2012）给出了基于观测器的有限时间控制协议，有效地抑制了系统不确定因素和外界扰动的影响，实现了多刚体系统的有限时间跟踪控制。

（4）非线性多智能体系统的有限时间一致性问题。上面给出的多刚体系统是一类特殊的非线性系统，而一般的非线性系统的有限时间一致性控制也有一些相关的结论。HuiQ（2008）以分析一阶非线性系统的稳定性为前提，进一步拓展结果，实现了有限时间跟踪控制。Cao（2011）首次考虑了无向拓扑下的一阶非线性系统的有限时间一致性。Zhang（2013）针对一阶非线性系统给出了具有抗干扰的有限时间一致性控制协议。Do（2014）基于一阶系统的结论提出反馈控制协议，分别讨论了在固定无向拓扑和切换拓扑下的二阶非线性多智能体系统的有限时间一致性问题。

综上所述，多智能体系统的有限时间一致性研究有着重要的理论和现实意义，并且已有了一些研究结果。本书在前人的研究基础上，进一步讨论了四种类型的多智能体系统在受到外部干扰情形下的有限时间一致性问题，下面我们将给出本书的主要内容结构安排。

1.3　本书的主要内容安排

本书主要用到了 Lyapunov 有限时间稳定性理论、滑模控制方法、矩阵理论以及图论等理论知识工具，讨论了不同类型多智能体系统的若干有限时间一致性问题。

第 2 章给出了预备知识：本书中用到的一些数学记号、代数图论、矩阵理论、Lyapunov 有限时间稳定性理论以及滑模控制理论。

第 3 章讨论了多领导者结构下二阶异质多智能体系统在有向固定通信拓扑以及有向切换拓扑下的有限时间包容控制问题。在有外界干扰的情形下，首先给出了基于智能体相对状态信息的终端滑模变量，利用滑模变量设计分布式控制协议，在控制协议的作用下，跟随者智能体的位置与速度信息，将在有限时间内进入到多领导者智能体组成的凸包内；其次拓展结论到有向切换通信拓扑，给出对应的控制协议，得出了切换拓扑下的有限时间包容控制；最后给出了固定有向通信拓扑下的仿真实例，验证了理论的正确性。

第 4 章研究了在受到外界扰动下的二阶积分器多智能体系统的无领导者有限时间一致性控制。首先在无向通信拓扑下，给出了基

于相对信息的分布式控制协议,利用矩阵理论、图论知识、Lyapunov
有限时间稳定性理论,证明了协议的有效性,得到了智能体的状态
信息在有限时间趋于所有智能体信息的平均值。其次拓展内容到有
向通信拓扑,从理论上证明,在给出的分布式控制协议作用下,智
能体的状态信息将在有限时间趋于所有智能体信息的加权平均值。
分析上述结论可知分布式控制协议选择的控制参数以及具体收敛时
间的长短都与通信拓扑对应的 Laplace 矩阵的代数连通度有关,并都
求出了确定的收敛时间。最后给出了数值仿真实例,验证了理论的
正确性。

第5章讨论了在由一个领导者多个跟随者组成的多刚体飞行器
系统的有向通信拓扑下的有限时间追踪控制。用修正的罗德里格参
数来描述多刚体飞行器的姿态,即可得出多刚体系统的动态模型可
由二阶 Euler-Lagrange 方程来描述。在领导者的姿态信息不可测的
情况下,首先提出分布式估计协议对跟随者将要达到的理想姿态做
出有限时间估计,利用估计信息设计分布式滑模控制协议。其次给
出了理论证明,最终得到跟随者飞行器的姿态信息在有限时间内追
踪上了领导者的姿态信息,说明了控制协议的有效性,并求出了具
体的收敛时间。最后给出仿真实例,验证了理论的正确性。

第6章研究了有向通信拓扑下的二阶非线性多智能体系统的有
限时间一致性问题。首先讨论了受到外界干扰的多领导者系统,在
领导者智能体的位置信息和速度信息不可测的情形下,给出二阶分
布式滑模估计协议对跟随者将要达到的理想状态信息做出有限时间

估计。其次，利用估计信息设计了基于相对信息的分布式滑模有限时间控制协议，从理论上证明跟随者的状态信息在有限时间内跟踪上了领导者的状态，并求出了具体的收敛时间。随之简化已有结论到一个领导者的二阶非线性系统，给出了对应的分布式滑模控制协议，最终得到了有限时间跟踪控制。最后，给出了两个仿真实例，分别验证了包容控制和跟踪控制理论的正确性。

第❷章

预备知识

2.1　数学工具描述

本章首先给出了本书中常用的一些数学记号，然后介绍了图论的相关知识以及矩阵运算理论，最后给出了 Lyapunov 有限时间稳定性理论及终端滑模控制理论。对于原创性的工作，我们将给出充分的理论证明。

表 2-1　主要符号对照表

符号变量	含义
$\mathbb{R}$、$\mathbb{R}^n$、$\mathbb{R}^{n\times m}$	实数、n 维实向量、$n\times m$ 维实矩阵空间
$\mathbf{0}_n$、$\mathbf{1}_n$、I_n	n 维零向量、n 维单位向量、n 阶单位矩阵
$A>0$	矩阵 A 是正定矩阵
A^T、A^*、A^{-1}	矩阵 A 的转置、伴随、逆矩阵

续表

符号变量	含义
$det\ (A)$	矩阵 A 的行列式
$\lambda\ (A)$	矩阵 A 的特征值
$\lambda_{\min}\ (A)$、$\lambda_{\max}\ (A)$	矩阵 A 的最小、最大特征值
$\|x\|_1$，$\|x\|_2$，$\|x\|_\infty$	向量 x 的 1、2、∞ 范数
$\|A\|_1$，$\|A\|_2$，$\|A\|_\infty$	矩阵 A 的 1、2、∞ 范数
$A \otimes B$	矩阵 A 与 B 的 Kronecker 积
$diag(d_1, d_2, \cdots, d_n)$	d_1, d_2, $\cdots$, d_n 为对角元的对角矩阵
$\mathrm{sgn}(\cdot)$	表示符号函数
$\mathrm{sgn}(x)$	$\mathrm{sgn}(x) = [\mathrm{sgn}(x_1), \mathrm{sgn}(x_2), \cdots, \mathrm{sgn}(x_n)]^T$
$\lvert x \rvert$	$\lvert x \rvert = [\lvert \mathrm{sgn}(x_1) \rvert, \lvert \mathrm{sgn}(x_2) \rvert, \cdots, \lvert \mathrm{sgn}(x_n) \rvert]^T$
$\lvert x \rvert^\alpha$	$\lvert x \rvert^\alpha = [\lvert x_1 \rvert^\alpha, \lvert x_2 \rvert^\alpha, \cdots, \lvert x_n \rvert^\alpha]^T$
$\mathrm{sig}^\alpha(x)$	$\mathrm{sig}^\alpha(x) = [\mathrm{sgn}(x_1)\lvert x_1 \rvert^\alpha, \mathrm{sgn}(x_2)\lvert x_2 \rvert^\alpha, \cdots, \mathrm{sgn}(x_n)\lvert x_n \rvert^\alpha]^T$

其中，矩阵的 Kronecker 积定义为 2-1：

定义 2-1 ［Graham（1981）］设 $A = [a_{ij}] \in \mathbb{R}^{m \times n}, B = [b_{ij}] \in \mathbb{R}^{p \times q}$，称式（2-1）给出的分块矩阵为 A 与 B 的 Kronecker 积（直积）。

$$A \otimes B = \begin{bmatrix} a_{11}B & a_{12}B & \cdots & a_{1n}B \\ a_{21}B & a_{22}B & \cdots & a_{2n}B \\ \vdots & \vdots & & \vdots \\ a_{m1}B & a_{m2}B & \cdots & a_{mn}B \end{bmatrix} \in \mathbb{R}^{mp \times nq} \qquad (2-1)$$

对于 Kronecker 积，有如下基本性质：

引理 2-1 假设矩阵 A、B、C 及 D 具有相容的维数，则下面的结论成立：

(1) $(A\otimes B)(C\otimes D)=(AC)\otimes(BD)$；

(2) $(A\otimes B)+(A\otimes C)=A\otimes(B+C)$；

(3) $(A\otimes B)^{-1}=A^{-1}\otimes B^{-1}$，$(A\otimes B)^{T}=A^{T}\otimes B^{T}$；

(4) 若 A 与 B 是正定矩阵，则 $A\otimes B$ 也是正定矩阵。

定义 2-2 记 ε 是实向量空间 $V\subseteq\mathbb{R}^{p}$ 的一个子集。若对于任意的 $x,y\in\varepsilon$，有 $(1-z)x+zy\in\varepsilon$，其中 $z\in[0,1]$，则称集合 ε 是凸集。点集 $X=\{x_1,\cdots,x_n\}\subset V$ 的凸包是包含点集 X 的最小凸集，记 $\mathrm{Co}\{X\}$ 为 X 凸包，有 $\mathrm{Co}\{X\}=\{\sum_{i=1}^{n}\alpha_i x_i \mid x_i\in X,\alpha_i\in R\geqslant 0,\sum_{i=1}^{n}\alpha_i=1\}$，且当 $V\subseteq R$，$\mathrm{Co}\{X\}=\{x\mid x\in[\min_i x_i,\max_i x_i]\}$。

引理 2-2 对于任意的 $x_i\in\mathbb{R}$，$i=1,2,\cdots,n$，存在实数 $0<q\leqslant 1$，满足不等式：

$$(|x_1|+|x_2|+\cdots+|x_n|)^{q}\leqslant|x_1|^{q}+|x_2|^{q}+\cdots+|x_n|^{q}$$

引理 2-3 （Schur 引理）如下的线性矩阵不等式（LMI）成立，给定常数矩阵

$$\begin{pmatrix}M_1(x) & M_2(x) \\ M_2(x)^{T} & M_3(x)\end{pmatrix}>0$$

其中 $M_1(x)=M_1(x)^{T}$，$M_3(x)=M_3(x)^{T}$，则下列两个命题等价：

(1) $M_1(x)>0,M_3(x)-M_2(x)^{T}M_1(x)^{-1}M_2(x)>0$；

(2) $M_3(x)>0,M_1(x)-M_2(x)^{T}M_3(x)^{-1}M_2(x)>0$。

2.2 代数图论

本书中，智能体间的通信连接可拓扑为代数图论中的有向图和无向图，下面简要介绍在 Godsil（2001）与 Agaev（2005）研究中阐述图论的基本概念及相关的知识。

2.2.1 图的概念及相关定义

假设由 n 个智能体组成的多智能体系统的通信拓扑为有向图（Directed graph），记为 $\mathcal{G} = (\upsilon, \varepsilon)$，其中 $\upsilon = \{1, 2, \cdots, n\}$ 表示由 n 个智能体组成的集合，$\varepsilon \subseteq \upsilon \times \upsilon$ 表示有向边组成的集合，记 $\varepsilon_{ij} = (i, j)$ 为从节点 i 出发到达节点 j 的一条有向边，表示智能体 j 可以观测到智能体 i 的信息，分别称节点 i 与 j 为父节点和子节点，节点 i 与 j 为相邻节点。记 $N_i = \{j \in \upsilon \mid (i, j) \in \varepsilon\}$ 为节点 i 的邻居集合。令 a_{ij} 为有向边 ϵ_{ij} 的权重，若 $\epsilon_{ij} \in N_i$，则有 $a_{ij} > 0$，否则有 $a_{ij} = 0$。称 $\deg_{in}(i) = \sum_{j=1}^{n} a_{ij}$ 为节点 i 的入度，$\deg_{out}(i) = \sum_{j=1}^{n} a_{ji}$ 为节点 i 的出度。若对于任意顶点 $i \in \upsilon$ 都满足 $\deg_{in}(i) = \deg_{out}(i)$，则称有向图 $\mathcal{G}$ 为平衡图。

在有向图 $\mathcal{G}$ 中，一列边 (i_1, i_2)，(i_2, i_3)，$\cdots$，(i_{k-1}, i_k) 称为从节点 i_1 到 i_k 的一条有向路径，其中 $(i_j, i_{j+1}) \in \varepsilon$，$j = 1$，$2$，$\cdots$，$k-1$。如果对于图中的任意两个相异节点 i 和 j，都存在从 i 到 j 的一条有向路径，那么称有向图 $\mathcal{G}$ 为强连通的（Strongly connected）。

有向树是一个特殊的有向图，它满足如下三个条件：①图中含有一个没有父节点的特殊节点，称为根节点；②其他所有节点有且仅有一个父节点；③从根节点到其他所有节点都有一条有向路径。若有向图 G 含有一个子图为有向树，称该有向子图为有向生成树。强连通的有向图一定含有一个有向生成树。如果图 G 中任意两个顶点间的连接是无向的，称 G 为无向图（Undirected graph），无向图可以看作一类特殊的有向平衡图，即若 $\epsilon_{ij} \in \varepsilon$，则有 $\epsilon_{ji} \in \varepsilon$。特别是，在图 G 中称 (i, i) 类型的边为回环（Self loop），而若连接两个不同节点的边不止一条，称这些边为多重边。把不含有回环也不含有多重边的图称为简单图（Simple graph），否则称为多图（Multi-graph）。本书所讨论的通信拓扑图都为简单图。

若图 G 为简单图，其邻接矩阵记为：$A = (a_{ij}) \in \mathbb{R}^{n \times n}$，图的入度矩阵记为：$D = diag\{\deg_{in}(1), \deg_{in}(2), \cdots, \deg_{in}(n)\}$。定义图 G 的 Laplace 矩阵为：$\mathcal{L} = D - A$，记为：$\mathcal{L} = (l_{ij}) \in \mathbb{R}^{n \times n}$，其中，$l_{ii} = \deg_{in}(i)$，$l_{ij} = -a_{ij}, i \neq j, i, j = 1, 2, \cdots, n$。

2.2.2 通信拓扑图的 Laplace 矩阵

在本小节中将给出多智能体系统通信拓扑图对应的 Laplace 矩阵的一些相关定义及基本性质：

引理 2-4 若矩阵 $\mathcal{L}$ 为有向图 G 对应的 Laplace 矩阵，那么矩阵 $\mathcal{L}$ 至少有一个零特征值，而其余的非零特征值都具有正实部。进一步，若有向图 G 有一个生成树，则矩阵 $\mathcal{L}$ 具有一个简单零特征值，零特征值对应的右特征向量为 $\mathbf{1}_n$，即有 $\mathcal{L}\,\mathbf{1}_n = \mathbf{0}_n$。

定义 2-3 有向图 $\mathcal{G}$ 对应的 Laplace 矩阵 $\mathcal{L}$ 为可约矩阵，若存在一个置换矩阵 $M \in R^{n \times n}$，以及一个正整数 m，其中 $1 \leqslant m \leqslant n-1$，满足：

$$M^T \mathcal{L} M = \begin{pmatrix} \tilde{M}_{11} & 0 \\ \tilde{M}_{21} & \tilde{M}_{22} \end{pmatrix}$$

其中，$\tilde{M}_{11} \in R^{m \times m}$，$\tilde{M}_{21} \in R^{(m-n) \times m}$ 及 $\tilde{M}_{22} \in R^{(n-m) \times (n-m)}$，否则称 Laplace 矩阵 $\mathcal{L}$ 是不可约的。

引理 2-5 若有向图 $\mathcal{G}$ 是强连通图，则 Laplace 矩阵 $\mathcal{L}$ 是不可约的。进一步，存在一个正向量 $\xi = (\xi_1, \xi_2, \cdots, \xi_n)^T$，使得 $\xi^T \mathcal{L} = 0$，且有 $\hat{\mathcal{L}} = \left(\dfrac{1}{2}\right)(\Xi \mathcal{L} + \mathcal{L}^T \Xi)$ 是对称矩阵，其中 $\Xi = diag(\xi_1, \xi_2, \cdots, \xi_n)^T$，$\displaystyle\sum_{j=1}^{N} \mathcal{L}_{ij} = \sum_{j=1}^{N} \mathcal{L}_{ji} = 0, i, j = 1, 2, \cdots, n$。

定义 2-4 ［RenW（2005）］对于强连通图 $\mathcal{G}$ 对应的 Laplace 矩阵 $\mathcal{L}$ 的广义代数连通度定义为式（2-2）：

$$a(\mathcal{L}) = \min_{x^T \xi = 0, x \neq 0} \frac{x^T \hat{\mathcal{L}} x}{x^T \Xi x} \tag{2-2}$$

并记

$$b(\mathcal{L}) = \max_{x^T \xi = 0, x \neq 0} \frac{x^T \hat{\mathcal{L}} x}{x^T \Xi x} \tag{2-3}$$

其中，$\hat{\mathcal{L}} = (\Xi\mathcal{L} + \mathcal{L}^T\Xi)/2$，$\Xi = diag(\xi_1, \xi_2, \cdots, \xi_n)^T$，$\xi = (\xi_1, \xi_2, \cdots, \xi_n)^T > 0$ 及 $\Xi^T\mathcal{L} = 0$，$\sum_{j=1}^{N}\xi_i = 1$。

引理 2-6 ［Agaev（2000），RenW（2005），Kim（2006）］若 $\mathcal{G}$ 为无向连通图，则对应的 Laplace 矩阵 $\mathcal{L}$ 为半正定对称矩阵，即 $\mathcal{L} \geqslant 0$。特别地，对称矩阵 $\mathcal{L}$ 恰有一个零特征值，并且对应于零特征值的左、右特征向量分别为 $\mathbf{1}_n^T$ 和 $\mathbf{1}_n$，即有 $\mathcal{L}\mathbf{1}_n = \mathbf{0}_n$ 和 $\mathbf{1}_n^T\mathcal{L} = \mathbf{0}_n^T$ 同时成立。矩阵 $\mathcal{L}$ 的 n 个特征值都为非负实数，记为：

$$0 = \lambda_1(\mathcal{L}) \leqslant \lambda_2(\mathcal{L}) \leqslant \cdots \leqslant \lambda_n(\mathcal{L})$$

其中，$\lambda_2(\mathcal{L})$ 称为图 $\mathcal{G}$ 的代数连通度，有式（2-4）成立，且满足 $\xi^T\mathcal{L}\xi \geqslant \xi^T\lambda_2\xi$。

$$\lambda_2(\mathcal{L}) = \min_{\xi \neq 0, 1^T\xi = 0} \frac{\xi^T\mathcal{L}\xi}{\|\xi\|^2} \tag{2-4}$$

引理 2-7 ［Meng（2010）］如果图 $\mathcal{G}$ 是有向强连通图，则对于任意的非零向量 $\mathbf{b} = [b_1, b_2, \cdots, b_n]^T$，矩阵 $\mathcal{L} + diag\{\mathbf{b}\}$ 的特征值均有正实部。如果图 $\mathcal{G}$ 是无向连通图，则矩阵 $\mathcal{L} + diag\{\mathbf{b}\}$ 是正定矩阵。

2.3 系统稳定性理论

考虑非线性自治系统（2-5）。

$$\dot{x} = f(x), x(0) = x_0 \qquad\qquad (2\text{-}5)$$

其中，$x = [x_1, x_2, \cdots, x_n]^T \in \mathbb{R}^n$ 为状态变量，$f: \mathbb{R}^n \rightarrow \mathbb{R}^n$ 满足局部 Lipschitz 条件，即存在唯一解，满足 $f(0) = 0$。

下面给出 Lyapunov 意义下系统平衡点的稳定性定义。

定义 2-5 （Lyapunov 意义下的稳定）设 x_e 为系统（2-5）的一个平衡点，如果对于任意 $\epsilon > 0$，都存在实数 $\delta_1 > 0$，使得对于满足 $\|x_0 - x_e\| < \delta_1$ 的任意初始状态都有 $\|x(t; x_0, t_0) - x_e\| < \epsilon$，$\forall t \geq t_0$ 成立，则称平衡点 x_e 是在 Lyapunov 意义下稳定的，式中 $x(t; x_0, t_0)$ 为从初始状态 $x(t_0) = x_0$ 出发的系统状态轨线。

定义 2-6 （Lyapunov 意义下的有限时间稳定）考虑系统（2-5），$f: U \rightarrow \mathbb{R}^n$ 满足 $f(0) = 0$，其中 U 为原点的某个领域，即原点是系统的平衡点。记 $x(t; t_0, x_0)$ 为系统（2-5）在初始状态 (t_0, x_0) 下的解，若存在函数 $T: U \backslash \{0\} \rightarrow (0, \infty)$，对于任意的初始时刻 $x_0 \in U$，系统的解 $x(t; t_0, x_0)$ 满足以下条件：当 $t \in [0, T(x_0)]$ 时，$x(t) \in U \backslash \{0\}$，$x(t) \rightarrow 0$ $(t \rightarrow T(x_0))$；当 $t > T(x_0)$ 时，$x(t) = 0$。当 $U = \mathbb{R}^n$ 时，称系统（2-5）全局有限时间稳定。

引理 2-8 ［Bhat（1997）、Bhat（2000）］考虑非线性系统 (2-5)，假设存在一个连续可微函数 $V(x): U \rightarrow \mathbb{R}^n$，满足下列条件：

（1）$V(x)$ 是正定函数；

（2）存在实数 $\gamma > 0$，$\beta > 0$，$0 < \alpha < 1$，以及包含原点的开领域 $U_0 \subset U$，使得下式成立：$\dot{V}(x) + \gamma V^\alpha \leq 0$ 或 $\dot{V}(x) + \gamma V + \beta V^\alpha \leq 0$，其中

$\dot{V}(x) = \dfrac{\partial V}{\partial x} f(x)$，则可得原点是系统的有限时间稳定平衡点，依赖于初始条件 $x(t_0) = x_0$ 的确定收敛时间为式（2-6），或有式（2-7）对于任意的 $x_0 \in U_0$ 成立。

$$T(x_0) \leqslant \frac{V^{1-\alpha}(x_0)}{\gamma(1-\alpha)} \tag{2-6}$$

$$T(x_0) \leqslant \frac{1}{\gamma(1-\alpha)} \ln \frac{\gamma V^{1-\alpha}(x_0) + \beta}{\beta} \tag{2-7}$$

另外一个有效的非连续有限时间控制方法为终端滑模控制方法（Terminal Sliding Model，TSM），终端滑模与传统滑模的不同之处在于引入了非线性切换面。上述设计使系统状态到达滑动面后，可以在有限时间内滑动到原点，具体内容如下：

引理 2-9 考虑系统（2-5），如果存在终端滑模变量 $s = \dot{x} + \beta |x|^{\gamma} \mathrm{sign}(x) = 0$，其中，$\beta > 0$，$0 < \gamma < 1$，则系统的平衡点 $x = 0$ 是全局有限时间稳定的，即对于给定的初始条件 $x(0) = x_0$，系统的状态在有限时间内收敛于 $x = 0$，收敛时间为：

$$T = \frac{1}{\beta(1-\gamma)} |x_0|^{1-\gamma} \tag{2-8}$$

2.4 本章小结

本章给出了书中后续章节所用到的理论基础，主要包括：本书中用到的数学记号与含义、多智能体系统通信拓扑有向图与无向图的一些概念以及对应的 Laplace 矩阵的性质、系统的稳定性理论及有限时间稳定性的判别定理。

第❸章
二阶异质多智能体系统的有限
时间包容控制

在多智能体系统的一致性控制问题的研究中，达到渐近稳定性的系统实现控制目标所用的时间是不能确定的，而在实际工程应用中需要的是在有限时间内实现控制目标，故而研究有限时间一致性控制有着重要的现实应用价值和理论研究意义。本章考虑了具有外部有界扰动的异质多智能体系统的有限时间包容控制问题，即当跟随者的动力学为二阶积分器系统，而领导者的动力学为二阶非线性系统时实现了固定有向和切换通信下的有限时间一致性。

3.1 引言

在关于多智能体系统的分布式一致性控制的分析讨论中，收敛速度是评价一致性控制协议的一个重要的性能指标。目前大多数的研究结果得到的都是无限时间的渐近稳定以及具有较快收敛速度的指数稳定，都不能求出具体的收敛时间。设计有效的分布式控制协议可使系统在有限时间内收敛，而且与传统的非有限时间收敛相比，具有更好的鲁棒性能和抗扰动性能，详见 Bhat（1998）与 Hong（2001）。Olfati-Saber（2004）分别对关于固定通信拓扑以及切换通信拓扑下的一阶多智能体系统的一致性问题做出了较全面的研究，证明了系统一致性收敛速度与智能体间通信图的代数连通度，即通信拓扑的 Laplace 矩阵的第二最小特征值有关，代数连通度越大，收敛速度越快。基于此方法理论，Kim（2006）、Lin（2004）、Olfati-Saber（2005）等用多种方法设计不同的控制协议，使得系统获得更快的收敛速度，包括改变系统内智能体间的通信拓扑、调节控制增益及耦合强度等。由于这些方法技术的局限性，只是在一定范围内提高了收敛速度，得到的仍是渐近收敛，即大部分的研究结果都没有得到有限时间收敛。而在实际工程应用中，需要在有限时间内达到控制目标，即设计有效的分布式使得系统在有限时间达到一致性控制有着重要的研究意义。近年来，已有一些有限时间一致性的研究结果，关于一阶积分器多智能体系统的有限时间一致性控制的研究结果见 Corter（2006）、Jiang（2009）、Wang（2010）的研究，二阶积分器多智能体系统的有限时间一致性控制研究较一阶系统的研究更有难度，而在实际的工程领域中所研究的机械系统大都为二阶系统，LiSH（2011）、Cao（2010）、Di（2011）等对二阶积分器多智能体系统的有限时间一致性问题进行了研究。Wang（2008）利用齐次理论方法，研究了无领导者多智能体系统的有限时间一致性问题。ZhaoLW（2014）基于终端滑模技术，针对有一个领导者的二阶积分器多智能体系统设计了有效的有限时间一致性控制协议，达到了有限时间的追踪一致性。在实际应用中，被控系统通常处于具有外部干扰、信道及信号源噪声的不确定环境中。因此，考虑具有外部干扰和传输噪声的多智能体系统一致性问题是有实际意义的。

本章分别考虑了在有向固定通信拓扑和有向切换通信拓扑下，受到外部有界扰动的二阶异质多智能体系统的有限时间包容一致性控制问题。本章的主要内容包括：

（1）针对含有多领导者的多智能体系统，首先利用智能体间的相对信息给出滑模变量，随之利用滑模变量和智能体间的相对信息设计分布式有限时间滑模控制协议。

（2）在控制协议的作用下，利用 Lyapunov 有限时间稳定性理论与终端滑模控制定理，从理论上证明受到外界干扰的二阶多智能体系统在有向通信拓扑下达到有限时间包容控制。

（3）进一步考虑了切换拓扑下的有限时间包容控制一致性，并通过数值仿真验证了理论的正确性。

3.2　问题描述及预备知识

本章主要研究受到外部有界干扰的二阶异质多智能体系统在有

向通信网络拓扑下的有限时间包容控制问题。考虑由 N 个跟随者、M 个领导者组成的多智能体系统，令 $F=\{1,\ 2,\ \cdots,\ N\}$ 为跟随者的集合，$L=\{N+1,\ N+2,\ \cdots,\ N+M\}$ 为领导者的集合。第 i 个跟随者智能体具有如下的二阶动力系统：

$$\dot{x}_i(t) = v_i(t)$$
$$\dot{v}_i(t) = u_i(t) + \delta_i(t),\ i \in F \tag{3-1}$$

其中，$x_i(t) \in \mathbb{R}$，$v_i(t) \in \mathbb{R}$ 分别表示第 i 个智能体的位置和速度，$u_i(t) \in \mathbb{R}$ 表示控制输入，$\delta_i(t) \in \mathbb{R}$ 表示外部有界扰动，满足 $|\delta_i(t)| \leq d < \infty$，$i \in F$。

领导者智能体固有的动力学模型为：

$$\dot{x}_k(t) = v_k(t)$$
$$\dot{v}_k(t) = f_k(x_k, v_k, t),\ k \in L \tag{3-2}$$

其中，$f_k(x_k,\ v_k,\ t)$ 表示领导者的动力加速度，满足 $|f_k(x_k,\ v_k,\ t)| \leq C < \infty$，$k \in L$。

假设 3-1　假设跟随者之间的通信拓扑是有向图，且对于每一个跟随者至少存在一个领导者与其通信，而领导者之间不通信。

若智能体间的通信拓扑满足假设 3-1，则对应的 Laplace 矩阵 $\mathcal{L}$ 可写为：

$$\mathcal{L} = \begin{pmatrix} \mathcal{L}_1 & \mathcal{L}_2 \\ 0_{M \times N} & \mathbf{0} \end{pmatrix} \tag{3-3}$$

其中，矩阵 $\mathcal{L}_2 \in \mathbb{R}^{N \times M}$ 至少含有一个正的元素。根据引理 2-4 和

引理2-6，可知矩阵 $\mathcal{L}_1 \in \mathbb{R}^{N \times N}$ 是正定矩阵，且有 $-\mathcal{L}_1^{-1}\mathcal{L}_2 \mathbf{1}_{M \times 1} = \mathbf{1}_{N \times 1}$。

下面给出有限时间包容控制的定义。

定义 3-1 若存在一个分布式控制协议 u_i，$i \in F$，使得跟随者智能体的位置与速度状态信息在有限时间 $T > 0$ 内进入到领导者状态的凸包里，则称多智能体系统（3-1）达到了有限时间的包容控制。其中多领导者位置和速度信息的凸包分别表示为：

$$\mathrm{Co(XL)} = \{ \sum_{N+1}^{N+M} \theta_i x_i \mid \theta_i \geqslant 0, \ \sum_{N+1}^{N+M} \theta_i = 1 \}$$

$$\mathrm{Co(VL)} = \{ \sum_{N+1}^{N+M} \theta_i v_i \mid \theta_i \geqslant 0, \ \sum_{N+1}^{N+M} \theta_i = 1 \}$$

针对系统（3-1）、模型（3-2），下面我们分别讨论在固定有向通信拓扑和有向切换拓扑下的有限时间包容控制问题。

3.3 固定有向拓扑下的有限时间包容控制

本节的主要内容是考虑系统（3-1）在固定有向通信拓扑下的有限时间包容控制问题。设计基于智能体相对测量信息的分布式滑模控制协议，使跟随者智能体的位置和速度状态信息在有限时间内进入到领导者状态信息的凸包内。

基于通信拓扑下的误差变量可表示为：

$$e_x^i = \sum_{j=1, j \neq i}^{N+M} a_{ij}(x_i - x_j)$$

$$(3-4)$$

$$e_v^i = \sum_{j=1, j \neq i}^{N+M} a_{ij}(v_i - v_j), \ i \in F$$

分别记 $\xi_1 = [e_x^1, \ e_x^2, \ \cdots, \ e_x^N]^T$ 和 $\xi_2 = [e_v^1, \ e_v^2, \ \cdots, \ e_v^N]^T$，则系统（3-1）对应的误差系统可表示为式（3-5）：

$$\dot{\xi}_1 = \xi_2$$

$$(3-5)$$

$$\dot{\xi}_2 = \mathcal{L}_1(U + \Delta) - \mathcal{L}_2 F_1$$

其中，$F_1 = [f_{N+1}(x_{N+1}, \ v_{N+1}, \ t), \ \cdots, \ f_{N+M}(x_{N+M}, \ v_{N+M}, \ t)]^T$，$U = [u_1, \ u_2, \ \cdots, \ u_N]^T$，以及 $\Delta = [\delta_1, \ \delta_2, \ \cdots, \ \delta_N]^T$。定义滑模变量如式（3-6）所示：

$$s_i = e_x^i + \beta \mathrm{sig}(e_v^i)^\alpha, \quad i \in F$$

$$(3-6)$$

式（3-6）可写为式（3-7）的向量形式：

$$S = \xi_1 + \beta \mathrm{sig}(\xi_2)^\alpha$$

$$(3-7)$$

其中，$S = [s_1, \ s_2, \ \cdots, \ s_N]^T$，且滑模参数满足 $\beta > 0$，$1 < \alpha < 2$。

考虑系统（3-1）、模型（3-2），利用滑模变量及智能体间的相对信息给出分布式滑模控制协议（3-8），控制参数 $m > 0$。

$$u_i = -\left(\sum_{j=1, j \neq i}^{j=N+M} a_{ij}(t) \right)^{-1} \left(\frac{e_v^i}{\beta \alpha |e_v^i|^{\alpha-1}} + \sum_{j=1, j \neq i}^{j=N} a_{ij}(t)(-u_j) \right.$$

$$(3-8)$$

$$\left. + ((2N+M)\mathcal{C} + \sum_{j=N+1}^{j=N+M} a_{ij}(t)(d+m) sign(s_i) \right), \ i \in F$$

下面我们将给出主要的理论结果，说明在控制协议（3-8）的作用下，系统（3-1）、模型（3-2）可得到有限时间包容一致性控制。

定理 3-1 如果系统（3-1）、模型（3-2）对应的通信拓扑图是有向连通图，且满足假设 3-1，则在控制协议（3-8）作用下，跟随者智能体的位置和速度信息将在有限时间内分别进入到领导者状态信息的凸包内，即可在有限时间内达到 $x_i \to \mathrm{Co}(XL)$, $v_i \to \mathrm{Co}(VL)$, $i \in F$。

证明： 可将控制协议（3-8）写为（3-9）的矩阵形式。

$$U = A_1^{-1}[\mathcal{L}_2 U - A_2 \mathbf{1}_N - A_3 \mathrm{sign}(S)] \tag{3-9}$$

其中，

$$A_1 = diag\left(\sum_{j=2,j\neq 1}^{N+M} a_{1j}, \sum_{j=1,j\neq 2}^{N+M} a_{2j}, \cdots, \sum_{j=1,j\neq N}^{N+M} a_{Nj}\right)$$

$$A_2 = diag\left(\frac{e_v^1}{\beta\alpha|e_v^1|^{\alpha-1}}, \frac{e_v^2}{\beta\alpha|e_v^2|^{\alpha-1}}, \cdots, \frac{e_v^N}{\beta\alpha|e_v^N|^{\alpha-1}}\right)$$

$$A_3 = diag\left((2N+M)\mathcal{C} + \sum_{j=N+1}^{N+M} a_{1j}d + m, \cdots, (2N+M)\mathcal{C} + \sum_{j=N+1}^{N+M} a_{Nj}d + m\right)$$

$$A_4 = diag\ |e_v^1|^{\alpha-1}, |e_v^2|^{\alpha-1}, \cdots, |e_v^N|^{\alpha-1}$$

由 Laplace 矩阵的定义及 A_1 的表达式可得式（3-10）成立：

$$I + A_1^{-1}\mathcal{L}_2 = A_1^{-1}\mathcal{L}_1 \tag{3-10}$$

利用式（3-10），矩阵方程（3-9）可写为如式（3-11）所示的形式：

$$U = -(\mathcal{L}_1)^{-1}[A_2 \mathbf{1}_N + A_3 \mathrm{sign}(S)] \tag{3-11}$$

下面我们将分两个部分来给出定理 3-1 的主要理论证明，第一步得出滑模变量在有限时间 t_1^* 内趋于零，即 $S=0$；第二步说明系统的误差变量在滑模面上有限时间 t_2^* 内滑动到了原点，即可得到跟随者的状态信息在有限时间 $T=t_1^*+t_2^*$ 内进入到领导者状态信息的凸包里。

第一步 构造有效的 Lyapunov 函数 $V=\dfrac{1}{2}S^{T}S$，并对 Lyapunov 函数求导数可得 $\dot{V}=S^{T}\dot{S}$。分别将滑模变量（3-7）及控制协议（3-11）代入 $\dot{V}$ 中得：

$$\dot{V}=S^{T}\{\xi_2+\beta\alpha A_4[\mathcal{L}_1(U+\Delta)-\mathcal{L}_2F_1]\}$$

$$=S^{T}\{\xi_2+\beta\alpha A_4[\mathcal{L}_1(-(\mathcal{L}_1)^{-1}(A_2\mathbf{1}_N+A_3\mathrm{sign}(S)+\Delta))-\mathcal{L}_2F_1]\}$$

$$=S^{T}\{-\beta\alpha|\xi_2|^{\alpha-1}[\mathcal{L}_1(A_3\mathrm{sign}(S)+\Delta)-\mathcal{L}_2F_1]\}$$

$$=-\beta\alpha\sum_{i=1}^{N}|s_i||e_v^i|^{\alpha-1}((2N+M)\mathcal{C})$$

$$-\beta\alpha\sum_{i=1}^{N}|s_i||e_v^i|^{\alpha-1}(\sum_{j=N+1}^{N+M}a_{ij})d$$

$$-\beta\alpha\sum_{i=1}^{N}|s_i||e_v^i|^{\alpha-1}(m)$$

$$-\beta\alpha\sum_{i=1}^{N}s_i|e_v^i|^{\alpha-1}(\sum_{j=N+1}^{N+M}a_{ij}f_i)$$

$$+\beta\alpha\sum_{i=1}^{N}s_i|e_v^i|^{\alpha-1}(\sum_{j=1,j\neq i}^{N+M}a_{ij})(\delta_i)$$

$$+\beta\alpha\sum_{i=1}^{N}s_i|e_v^i|^{\alpha-1}(\sum_{j=1,j\neq i}^{N}(a_{ij}\delta_j))$$

根据已知条件 $|f_i(x_{N+i},\ v_{N+i},\ t)|\leqslant C<\infty$ 及 $|\delta_i|\leqslant d<\infty$，可得式（3-12）。

$$
\begin{aligned}
\dot{V} \leqslant &-\beta\alpha \sum_{i=1}^{N} |s_i||e_v^i|^{\alpha-1}((2N+M)\mathcal{C}) \\
&-\beta\alpha \sum_{i=1}^{N} |s_i||e_v^i|^{\alpha-1}(\sum_{j=N+1}^{N+M} a_{ij})d \\
&-\beta\alpha \sum_{i=1}^{N} |s_i||e_v^i|^{\alpha-1}(m) \\
&+\beta\alpha \sum_{i=1}^{N} |s_i||e_v^i|^{\alpha-1}(\sum_{j=N+1}^{N+M} a_{ij}d) \quad (3\text{-}12) \\
&+\beta\alpha \sum_{i=1}^{N} |s_i||e_v^i|^{\alpha-1}(N+M)\mathcal{C} \\
&+\beta\alpha \sum_{i=1}^{N} |s_i||e_v^i|^{\alpha-1}(N\mathcal{C}) \\
=&-\beta\alpha \sum_{i=1}^{N} |s_i||e_v^i|^{\alpha-1}(m)
\end{aligned}
$$

在此,当 $ev_i \neq 0$, $i \in F$, 取 $\Gamma = \min\{\beta\alpha m \mid e_v^1 \mid^{\alpha-1}, \beta\alpha m \mid e_v^2 \mid^{\alpha-1}, \cdots, \beta\alpha m \mid e_v^N \mid^{\alpha-1}\}$,则由 $m>0$ 可知 $\Gamma>0$,因此可得:

$$
\dot{V} \leqslant -\Gamma \sum_{i=1}^{N} |s_i| \quad (3\text{-}13)
$$

根据引理 2-2,有式(3-14)成立:

$$
\dot{V} \leqslant -\Gamma \sum_{i=1}^{N} (|s_i|^2)^{\frac{1}{2}} = -\sqrt{2}\Gamma V^{\frac{1}{2}} \quad (3\text{-}14)
$$

即当 $e_v^i \neq 0$, $i \in F$ 时,系统所给出 Lyapunov 函数满足引理 2-8 的条件,则在有限时间内可得滑模变量 $S=0$,确定的收敛时间为式（3-15）。

$$t_1^* = \sqrt{2}V(0)^{\frac{1}{2}}/\Gamma \qquad (3\text{-}15)$$

而当变量 $e_v^i=0(i\in F)$ 时，误差系统（3-5）变为（3-16）形式：

$$\begin{aligned}\dot{\xi}_1 &= \xi_2 \\ \dot{\xi}_2 &= -A_3\text{sign}(S) + \mathcal{L}_1\Delta - \mathcal{L}_2F_1\end{aligned} \qquad (3\text{-}16)$$

根据系统（3-16），由矩阵 A_3，$\mathcal{L}_1$，$\mathcal{L}_2$ 的定义及 Δ 和 F_1 的有界性可得：当 $s_i>0$ 时，有 $\dot{e}_v^i\leqslant-m$；当 $s_i<0$ 时，有 $\dot{e}_v^i\geqslant m$，即说明了 $e_v^i=0$ 不是一个吸引子。进一步说明，若在 $e_v^i=0$ 的点附近存在一个小领域，满足 $|e_v^i|<\epsilon$，其中 $\epsilon>0$ 是任意小的一个数，则在小领域内可得：对于 $s_i>0$，$\dot{e}_v^i\leqslant-m$，以及 对于 $s_i<0$，$\dot{e}_v^i\geqslant-m$。由此可知，轨线可在有限时间内穿过小领域的边界，即当 $s_i>0$ 时，轨线从边界 $e_v^i=\epsilon$ 到边界 $e_v^i=-\epsilon$；当 $s_i<0$ 时，轨线从边界 $e_v^i=-\epsilon$ 到边界 $e_v^i=\epsilon$ 都是在有限时间内完成的。而当 $|e_v^i|>\epsilon$ 时，可由不等式（3-14）得出在有限时间内滑模变量 $s_i=0$，$i\in F$。

综上所述，当变量 $e_v^i=0(i\in F)$ 时，沿着相平面的任意方向都可在有限时间内达到滑模变量 $S=0$，当 $s_i>0$，即 $\dot{s}_i(t)\leqslant-mt$ 时，可得 $s_i(t_1^*)=0$，其中收敛时间为：

$$t_1^* = \max(\sqrt{\frac{2}{m}s_i(0)}),\ i\in F$$

类似地，当 $s_i<0$ 时，有 $s_i(t_1^*)=0$，其中 $t_1^* = \max(\sqrt{-\frac{2}{m}s_i(0)}),\ i\in F$。

第二步 在第一步的讨论中得出在有限时间内滑模变量 $S = 0$，第二步将分析误差系统（3-5）的状态变量沿着滑模面 $S = 0$ 在有限时间滑动到平衡点。

考虑误差系统（3-5），滑模变量（3-6）可写为（3-17）的等价形式：

$$s_i = e_v^i + \widetilde{\beta}|e_x^i|^{\widetilde{\alpha}}\text{sign}(e_x^i) = 0, i \in F \tag{3-17}$$

其中，$\widetilde{\beta} = \beta^{\frac{1}{\alpha}} > 0$ 以及 $\frac{1}{2} < \widetilde{\alpha} = \frac{1}{\alpha} < 1$。

则由引理 2-9 给出的非奇异终端滑模控制理论可知，误差变量 e_x^i，e_v^i 将在有限时间内收敛到原点，具体的收敛时间为：

$$t_2^* = \frac{\alpha}{\beta^{-\frac{1}{\alpha}}(\alpha - 1)} \max |e_x^i(t_1^*)|^{\frac{\alpha-1}{\alpha}}, i \in F \tag{3-18}$$

说明跟随者智能体的相对状态信息将在有限时间 t_2^* 内，在滑模面 $s_i = \dot{e}_x^i + \beta|\dot{e}_v^i|^\alpha\text{sign}(e_v^i) = 0$，$i \in F$ 上，滑动到了平衡点 $(e_x^i, e_v^i) = (0, 0)$，$i \in F$。

综上所述，误差系统（3-5）将在有限时间 $T = t_1^* + t_2^*$ 内收敛到平衡点 $(e_x^i, e_v^i) = (0, 0)$。基于智能体间的相对状态误差变量（3-4），可写为（3-19）的矩阵形式：

$$\begin{aligned} \xi_1 &= \mathcal{L}_1 X_F + \mathcal{L}_2 X_L \\ \xi_2 &= \mathcal{L}_1 V_F + \mathcal{L}_2 V_L \end{aligned} \tag{3-19}$$

其中，$X = \{x_1, x_2, \cdots, x_N\}$，$X_L = \{x_{N+1}, x_{N+2}, \cdots, x_{N+M}\}$，$V = \{v_1, v_2, \cdots, v_N\}$，$V_L = \{v_{N+1}, v_{N+2}, \cdots, v_{N+M}\}$。

则由系统通信拓扑图对应的 Laplace 矩阵的性质，可得矩阵$\mathcal{L}_1 \in \mathbb{R}^{N \times N}$是正定可逆矩阵，且有$-\mathcal{L}_1^{-1}\mathcal{L}_2 \mathbf{1}_M = \mathbf{1}_N$。故有式（3-20）：

$$\xi_1 = \mathcal{L}_1 X_F + \mathcal{L}_2 X_L = 0$$
$$\xi_2 = \mathcal{L}_1 V_F + \mathcal{L}_2 V_L = 0 \tag{3-20}$$

进而可得控制协议（3-21）：

$$X_F = \mathcal{L}_1^{-1}\mathcal{L}_2 X_L$$
$$V_F = \mathcal{L}_1^{-1}\mathcal{L}_2 V_L \tag{3-21}$$

说明在有限时间 $T = t_1^* + t_2^*$ 内，跟随者的位置和速度状态信息进入到了领导者状态信息的凸包内。

证毕。

3.4　有向切换拓扑下的有限时间包容控制

上一节我们讨论了固定拓扑下的有限时间包容控制问题，而在多智能体系统的通信网络里，两个智能体间的一些障碍可能导致他们之间的通信失败。另外，在智能体的监测范围内，随时有新的智能体加入，要增加新的通信连接。即在实际应用中，智能体系统的通信网络应该是可切换的或者是时变的系统。因此，研究在切换拓扑下的多智能体系统的有限时间一致性问题是有重要现实意义的。

在有向的切换拓扑下考虑多智能体系统（3-1）与（3-2），切换拓扑的切换信号表示为 $\sigma(t)$：$[0, +\infty) \rightarrow \{1, 2, \cdots, p\}$，记 $\Omega^{\sigma(t)} = \{\Omega_1, \Omega_2, \cdots, \Omega_p\}$，$p \geq 2$ 表示可能发生的有向通信拓扑集。

考虑系统（3-1）与（3-2），基于切换通信拓扑给出如式（3-22）所示的分布式控制协议：

$$U = -(\mathcal{L}_1^{\sigma(t)})^{-1}(diag(\frac{e_v^i}{\alpha|e_v^i|^{\alpha-1}})I_N + diag((2N+M)\mathcal{C}$$
$$+ (\sum_{j=N+1}^{N+M} a_{ij}^{\sigma(t)})d + m)\text{sign}(S)) \tag{3-22}$$

其中，参数 $m>0$，$a_{ij}^{\sigma(t)}$ 表示有向边 $\epsilon_{ij} \in \Omega^{\sigma(t)}$ 的权重。

切换拓扑通信 $\Omega^{\sigma(t)}$ 对应的 Laplace 矩阵 $\mathcal{L}^{\sigma(t)}$ 可表示为式（3-23）。

$$\mathcal{L}^{\sigma(t)} = \begin{pmatrix} \mathcal{L}_1^{\sigma(t)} & \mathcal{L}_2^{\sigma(t)} \\ 0_{M\times N} & \mathbf{0} \end{pmatrix} \tag{3-23}$$

其中，矩阵 $\mathcal{L}_2^{\sigma(t)} \in R^{N \times M}$ 至少含有一个正元素，矩阵 $\mathcal{L}_1^{\sigma(t)} \in R^{N \times N}$ 是正定矩阵，且根据假设 3-1 可得 $-(\mathcal{L}_1^{\sigma(t)})^{-1}\mathcal{L}_2^{\sigma(t)}\mathbf{1}_{M\times 1} = \mathbf{1}_{N\times 1}$。

类似地，可给出如定理 3-2 的结论。

定理 3-2 考虑二阶多智能体系统（3-1）、模型（3-2），假设有向切换拓扑 $\Omega^{\sigma(t)}$ 是连通的，并且满足假设 3-1，则在控制协议（3-21）的作用下，跟随者的位置和速度状态将在有限时间内收敛到领导者的凸包内，收敛时间为：

$$T = \tilde{t}_1^* + \tilde{t}_2^*$$

其中，

$$
\tilde{t}_1^* = \begin{cases} \max\{\sqrt{2}V^k(0)^{\frac{1}{2}}/\Gamma\}, & e_v^{ik} \neq 0 \\ \max\{(\sqrt{-\frac{2}{m}s_i^k(0)})\}, & e_v^{ik} = 0,\ k = 1,2,\cdots,p,\ i \in F \end{cases} \qquad (3\text{-}24)
$$

以及

$$
\tilde{t}_2^* = \max\{\frac{\alpha}{\beta^{-\frac{1}{\alpha}}(\alpha-1)}|ex_i^k(0)|^{\frac{\alpha-1}{\alpha}}\},\ k = 1,2,\cdots,p, i \in F \qquad (3\text{-}25)
$$

证明： 定义函数 $\zeta(t) = (\zeta_1(t),\zeta_2(t),\cdots,\zeta_p(t))^T$，

$$
\zeta_k(t) = \begin{cases} 1, & \sigma(t) = k \\ 0, & \sigma(t) \neq k,\ k = 1,2,\cdots,p \end{cases}
$$

根据 $\sum_{k=1}^{p}\zeta_k(t) = 1$ 和系统自身的切换规则，可写出对应的误差系统：

$$
\begin{aligned}
\dot{\xi}_1 &= \xi_2 \\
\dot{\xi}_2 &= \sum_{k=1}^{p}\zeta_k(t)[\mathcal{L}_1^k(U+\Delta) - \mathcal{L}_2^k F_1(x,v,t)]
\end{aligned} \qquad (3\text{-}26)
$$

余下的证明过程类似于定理 3-1，这里将不详细说明了，即在切换通信拓扑下二阶多智能体系统（3-1）与（3-2）的有限时间包容控制也是成立的。

由前两节的内容可知，我们分别讨论了固定拓扑和切换拓扑下二阶异质积分器多智能体系统的有限时间包容控制问题，分别给出了有效的分布式控制协议及理论依据，也都求得了具体的收敛时间。下面我们将给出仿真实例，验证理论的正确性。

3.5　数值仿真

本节考虑由 3 个领导者、6 个跟随者一共 9 个智能体组成的系统，对应的固定有向网络拓扑见图 3-1。

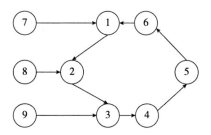

图 3-1　智能体的通信拓扑图

领导者智能体的动力系统表示为：

$$\dot{x}_i = v_{xi}$$
$$\dot{y}_i = v_{yi}$$
$$\dot{v}_{xi} = f_i(t) \tag{3-27}$$
$$\dot{v}_{yi} = 0, \quad i = 7,8,9$$

其中，$f_7 = -0.015\sin(0.01t)$，$f_8 = -0.035\sin(0.015t)$，$f_9 = -0.025\sin(0.02t)$。分别取领导者状态信息的初始值为：$x_7(0) = 3$，$x_8(0) = 3$，$x_9(0) = 3$，$y_7(0) = 0.6$，$y_8(0) = 1$，$y_9(0) = 0.8$，$v_{x7}(0) = 1.5$，

$v_{x8}(0)=1.5, v_{x9}(0)=1, v_{y7}(0)=0.5,\ v_{y8}(0)=0.5,\ v_{y9}(0)=0.5_{\circ}$

跟随者智能体的动力系统表示为：

$$\dot{x}_i\ =\ v_{xi}$$

$$\dot{y}_i\ =\ v_{yi}$$

$$\dot{v}_{xi}\ =\ u_i + \delta_i$$

$$\dot{v}_{yi}\ =\ 0,\ i=1,\cdots,6$$

$(3-28)$

在此，分别选择控制参数 $m=0.01$，$\beta=1$，$\alpha=1.8$，$C=0.1$，$d=0.1$，以及有界扰动满足 $\mid\delta_i\mid<0.1$，即可知控制参数的选择满足定理 3-1 的条件。图 3-2 表示的是智能体在二维空间的运动轨迹，可以看到，跟随者的轨迹约在 $t=4\mathrm{s}$ 时进入到了领导者状态的凸包里。图 3-3 和图 3-4 分别显示了智能体的位置和速度状态，在有限时间内达到了包容一致性控制，数值仿真验证了理论的正确性。

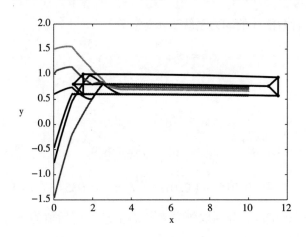

图 3-2　跟随者智能体在有限时间进入到领导者组成的二维空间

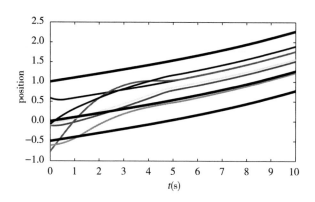

图 3-3　智能体的位置状态轨迹

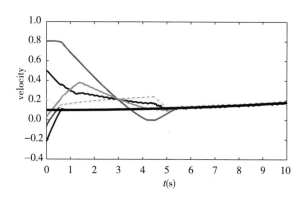

图 3-4　智能体的速度状态轨迹

3.6　本章小结

本章主要讨论了受到外部有界扰动的二阶异质积分器多智能体

系统的有限时间包容一致性问题，分别考虑了智能体的通信网络为固定有向拓扑与切换拓扑。首先针对固定有向拓扑下的二阶多智能体系统提出了分布式终端滑模控制变量，利用滑模变量设计了有效的分布式有限时间滑模控制协议，从而在控制协议的作用下，跟随者智能体的状态在有限时间里收敛到了领导者状态信息的凸包里，并求出了具体的收敛时间。其次将已有结论拓展到有向切换拓扑，给出了相应的控制协议，得到了切换拓扑下的有限时间包容控制。最后通过数值仿真，验证了结论的正确性。

第❹章
二阶积分器多智能体系统的
有限时间一致性

在本书第 3 章中，我们研究了在外部有界干扰下二阶异质多智能体系统的有限时间包容控制问题，提出了有限时间分布式滑模控制协议。本章将进一步考虑二阶积分器多智能体系统的无领导者有限时间一致性问题，无领导者系统的一致性要比有领导者系统的一致性更难达到。

4.1 引言

根据多智能体系统的领导者的数量，可分为三种具体的控制形式：无领导者的一致性控制、有一个领导者的跟踪控制以及多领导者系统的包容控制。最近几年，已有 Ren（2007）等一些关于无领导者多智能体系统的分布式协调控制一致性的研究结果。Yu（2010）给出了二阶积分器多智能体系统达到一致性的充分必要条件，一致性控制协议的设计与通信拓扑图对应的 Laplace 矩阵的代数连通度有关系。Wen（2012）研究了间歇通信约束条件下的二阶积分器多智能体系统的一致性控制，提出了基于间歇相对状态信息的分布式控制协议，最终得到了无领导者系统的一致性。由于现有理论方法的局限性，关于无领导者系统有限时间一致性控制的研究结果是比较少的。Wang（2010）首次讨论了一阶积分器系统无领导者的有限时间一致性控制；进一步，Wang（2008）利用齐次理论方法，研究了二阶无领导者积分器多智能体系统的有限时间一致性控制问题，但是没有给出具体的时间。后来，Zhao（2014）针对位置信息可测、速度信息不可测的二阶积分器系统，利用齐次理论方法构造了基于位置信息的饱和控制器，得到了无领导者系统的有限时间一致性控制，也没有求出具体的时间。

受以上文章的启发，并结合本书第 3 章的内容，本章主要讨论了在外部有界扰动干扰下二阶无领导者积分器多智能体系统的有限时间一致性控制问题。在现有 Ren（2007）、Yu（2010）、Wen（2012）的研究成果中，以渐近一致性控制问题为研究基础，首先研究了无向通信拓扑下的有限时间一致性，构造出新的分布式有限时间控制协议，在控制协议的作用下系统中智能体的位置和速度信息在有限时间内达到了平均一致性。其次进一步拓展结果到有向通信拓扑，证实智能体的位置和速度信息在有限时间内达到了加权平均一致性，

并说明控制参数的确定和具体收敛时间的大小，都与通信拓扑对应的 Laplace 矩阵的代数连通度有关。最后进行了数值仿真，验证理论结果的正确性。

4.2 问题描述及预备知识

本章考虑由 N 个智能体组成的系统，第 i 个智能体的动力系统表示为：

$$\dot{x}_i(t) = v_i(t)$$
$$\dot{v}_i(t) = u_i(t) + \delta_i(t), i = 1, 2, \cdots, N \qquad (4-1)$$

其中，$x_i(t) \in \mathbb{R}^n$，$v_i(t) \in \mathbb{R}^n$ 分别表示第 i 个智能体的位置与速度，$u_i(t) \in \mathbb{R}^n$ 为控制输入，$\delta_i(t) \in \mathbb{R}^n$ 表示外部有界扰动，满足 $\|\delta_i(t)\| \leqslant C < \infty$，$i = 1, 2, \cdots, N$。在此分别记 $x = [x_1^T, x_2^T, \cdots, x_N^T]^T$，$v = [v_1^T, v_2^T, \cdots, v_N^T]^T$，$U = [u_1, u_2, \cdots, u_N]^T$ 以及 $\Delta = [\delta_1, \delta_2, \cdots, \delta_N]^T$。

二阶多智能体系统的有限时间一致性有如下的定义：

定义 4-1 若二阶多智能体系统得到有限时间一致性，则存在 $T>0$，且满足：

$$\lim_{t \to T} \|x_i - x_j\| = 0, \lim_{t \to T} \|v_i - v_j\| = 0, i, j = 1, 2, \cdots, N$$

$$(4-2)$$

针对二阶多智能体系统，在 Ren 等（2007）、Yu 等（2010）、Wen（2012）中提出的一致性控制协议如（4-3）所示。

$$u_i = -\alpha \sum_{j=1}^{N} l_{ij}x_j - \beta \sum_{j=1}^{N} l_{ij}v_j, \ i = 1, 2, \cdots, N \qquad (4\text{-}3)$$

其中，l_{ij} 是 Laplace 矩阵 $\mathcal{L}$ 的 (i, j) 元，α 和 β 为耦合系数。

在此参考控制协议（4-3）构造出如（4-4）所示的分布式有限时间控制协议。

$$u_i = -\alpha[\sum_{j=1}^{N} l_{ij}x_j + \mathrm{sig}(\sum_{j=1}^{N} l_{ij}x_j)^\tau] - \beta[\sum_{j=1}^{N} l_{ij}v_j + \mathrm{sig}(\sum_{j=1}^{N} l_{ij}v_j)^\tau]$$

$$- \mathcal{C}[\mathrm{sign}(x_i - \sum_{j=1}^{N} x_j) + \mathrm{sign}(v_i - \sum_{j=1}^{N} v_j)], \ i = 1, 2, \cdots, N$$

$$(4\text{-}4)$$

可知协议（4-4）是基于相对信息的分布式控制协议，耦合系数 α、β 的大小与通信拓扑的代数连通度有关，参数 $0<\tau<1$。

4.3 无向连通拓扑下的有限时间一致性

本节我们主要考虑在控制协议（4-4）的作用下，基于无向连通通信拓扑的二阶多智能体系统（4-1）的有限时间一致性问题。

令 $\bar{x}_i = x_i - \dfrac{1}{N}\sum\limits_{j=1}^{N} x_j$, $\bar{v}_i = v_i - \dfrac{1}{N}\sum\limits_{j=1}^{N} v_j$, $i = 1,2,\cdots,N$ 分别代

表系统中所有智能体的平均位置和平均速度。通过简单计算，我们可以得到误差系统（4-5）：

$$\dot{\bar{x}}_i = \bar{v}_i$$

$$\dot{\bar{v}}_i = u_i - \frac{1}{N}\sum_{j=1}^{N} u_j + \delta_i - \frac{1}{N}\sum_{j=1}^{N} \delta_j,\ i = 1,\cdots,N \quad (4\text{-}5)$$

分别记 $\bar{x} = [\bar{x}_1^T, \bar{x}_2^T, \cdots, \bar{x}_N^T]^T = (M \otimes I_n)x$, $\bar{v} = [\bar{v}_1^T, \bar{v}_2^T, \cdots, \bar{v}_N^T]^T = (M \otimes I_n)v$, 以及 $\bar{\delta} = [\bar{\delta}_1^T, \bar{\delta}_2^T, \cdots, \bar{\delta}_N^T]^T = (M \otimes I_n)\delta$, 其中 $M = I - \dfrac{1}{N}\mathbf{1}\mathbf{1}^T$。

将控制协议（4-4）代入误差系统（4-5），可得如（4-6）所示的矩阵形式：

$$\dot{\bar{x}} = \bar{v}$$

$$\dot{\bar{v}} = -\alpha(M \otimes I_n)[(\mathcal{L} \otimes I_n)x + \mathrm{sig}[(\mathcal{L} \otimes I_n)x]^r]$$

$$- \beta(M \otimes I_n)[(\mathcal{L} \otimes I_n)v + \mathrm{sig}[(\mathcal{L} \otimes I_n)v]^r]$$

$$- \mathcal{C}(M \otimes I_n)[\mathrm{sign}[(M \otimes I_n)x] + \mathrm{sign}[(M \otimes I_n)v]] + (M \otimes I_n)\Delta$$

$$(4\text{-}6)$$

根据矩阵 $M = I - \dfrac{1}{N}\mathbf{1}\mathbf{1}^T$，以及引理 2-6 给出的无向连通拓扑网络对应的 Laplace 矩阵的性质，可得 $\mathcal{L}M = \mathcal{L} = M\mathcal{L}$，代入方程（4-6）可得（4-7）。

$$\dot{\bar{x}} = \bar{v}$$

$$\dot{\bar{v}} = -\alpha[(\mathcal{L} \otimes I_n)\bar{x} + \text{sig}[(\mathcal{L} \otimes I_n)\bar{x}]^\tau] - \beta[(\mathcal{L} \otimes I_n)\bar{v} + \text{sig}[(\mathcal{L} \otimes I_n)\bar{v}]^\tau]$$

$$- \mathcal{C}(M \otimes I_n)[\text{sign}(\bar{x}) + \text{sign}(\bar{v})] + (M \otimes I_n)\Delta$$

$$(4\text{-}7)$$

记 $\bar{\zeta} = (\bar{x}^T, \bar{v}^T)^T$，则系统（4-7）可表示为矩阵方程（4-8）：

$$\dot{\bar{\zeta}} = (B_1 \otimes I_n)\bar{\zeta} + (B_2 \otimes I_n)\text{sig}(\bar{\mathcal{L}}\bar{\zeta})^\tau + (-\mathcal{C}B_3 \otimes I_n)\text{sign}(\bar{\zeta}) + (B_3 \otimes I_n)\bar{\Delta}$$

$$(4\text{-}8)$$

其中，

$$\bar{\Delta} = \{\mathbf{0}^T, \Delta^T\}^T$$

$$B_1 = \begin{pmatrix} 0_N & I_N \\ -\alpha\mathcal{L} & -\beta\mathcal{L} \end{pmatrix}$$

$$B_2 = \begin{pmatrix} 0_N & 0_N \\ -\alpha I_N & -\beta I_N \end{pmatrix}$$

$$B_3 = \begin{pmatrix} 0_N & 0_N \\ -M & -M \end{pmatrix}$$

以及

$$\bar{\mathcal{L}} = \begin{pmatrix} \mathcal{L}_N & 0_N \\ 0_N & \mathcal{L}_N \end{pmatrix}$$

综上所述，系统（4-1）对应的误差系统为（4-7），将控制协议（4-4）代入误差系统（4-7）中，得出矩阵方程（4-8），下面我们主要针对方程（4-8）考虑系统的有限时间一致性控制。

定理 4-1 当控制增益满足 $\alpha/\beta^2 < \lambda_2(\mathcal{L})$，$0 < \tau < 1$ 时，无向连通拓扑下的系统（4-1）在控制协议（4-4）的作用下可以得到有限时间的一致性，即在有限时间内有：

$$x_i \rightarrow \frac{1}{N}\sum_{j=1}^{N} x_j,\ v_i \rightarrow \frac{1}{N}\sum_{j=1}^{N} v_j,\ i=1,2,\cdots,N$$

其中，$\lambda_2(\mathcal{L})$ 为无向连通拓扑的代数连通度。

证明： 由于矩阵 M 有一个简单的 0 特征值，对应的右特征向量为 $\mathbf{1}_{Nn}$，并且 1 为其他的 $N-1$ 重特征值。则若 $\bar{x}=0$ 及 $\bar{v}=0$ 成立，当且仅当 $x_1=x_2=\cdots=x_N$ 以及 $v_1=v_2=\cdots=v_N$。因此，当误差变量 $\bar{x}$ 及 $\bar{v}$ 在有限时间内收敛到零时，即可得到系统的有限时间一致性控制。

构造如下的 Lyapunov 函数：

$$V_1(t) = \frac{1}{2}\bar{\zeta}^T(P_1 \otimes I_n)\bar{\zeta} \tag{4-9}$$

其中，

$$P_1 = \begin{pmatrix} \frac{\alpha\beta}{N}(\mathcal{L}+\mathcal{L}^T) & \frac{\alpha}{N}I_N \\ \frac{\alpha}{N}I_N & \frac{\beta}{N}I_N \end{pmatrix}$$

下面我们将证明 Lyapunov 函数 $V_1(t)$ 的有效性，利用引理 2-1 可得方程（4-10）。

$$V_1(t) = \frac{1}{2}\bar{\zeta}^T(P_1 \otimes I_n)\bar{\zeta}$$

$$= \frac{\alpha\beta}{2N}\bar{x}^T[(\mathcal{L} + \mathcal{L}^T) \otimes I_n]\bar{x} + \frac{\alpha}{N}\bar{x}^T(I_N \otimes I_n)\bar{v} +$$

$$\frac{\beta}{2N}\bar{v}^T(I_N \otimes I_n)\bar{v} \geqslant \frac{1}{2}\bar{\zeta}^T(Q_1 \otimes I_n)\bar{\zeta}$$

$$(4\text{-}10)$$

其中,

$$Q_1 = \begin{pmatrix} \frac{\alpha\beta}{N}\lambda_2(\mathcal{L})I_N & \frac{\alpha}{N}I_N \\ \frac{\alpha}{N}I_N & \frac{\beta}{N}I_N \end{pmatrix}$$

若控制参数满足 $\beta > 0$ 以及 $\lambda_2(\mathcal{L}) > \alpha/2\beta^2$,根据引理 2-3 可得 $Q_1 > 0$。即可由方程（4-10）得出 Lyapunov 函数 $V_1(t) \geqslant 0$,且若 $V_1(t) = 0$ 当且仅当 $\bar{\zeta} = \mathbf{0}_{2Nn}$。

求 Lyapunov 函数 $V_1(t)$ 的导数,并将控制协议（4-4）代入可得式（4-11）。

$$\dot{V}_1 = \frac{1}{2}\bar{\zeta}^T[(P_1B_1 + B_1P_1) \otimes I_n]\bar{\zeta} + \frac{1}{2}\bar{\zeta}^T[(P_1B_2 + B_2P_1) \otimes I_n]\text{sig}(\bar{\mathcal{L}}\bar{\zeta})^\tau$$

$$+ \frac{1}{2}\bar{\zeta}^T[-\mathcal{C}(P_1B_3 + B_3P_1) \otimes I_n]\text{sign}(\bar{\zeta}) + \frac{1}{2}\bar{\zeta}^T[(P_1B_3 + B_3P_1) \otimes I_n]\bar{\Delta}$$

$$= \frac{1}{2}\bar{\zeta}^T[\begin{pmatrix} \frac{-\alpha^2}{N}(\mathcal{L} + \mathcal{L}^T) & \mathbf{0}_N \\ \mathbf{0}_N & \frac{-\beta^2}{N}(\mathcal{L} + \mathcal{L}^T) + \frac{2\alpha}{N}I_N \end{pmatrix} \otimes I_n]\bar{\zeta}$$

$$+ \frac{1}{2}\bar{\zeta}^T[\begin{pmatrix} -\frac{\alpha^2}{N}I_N & -\frac{\alpha\beta}{N}I_N \\ -\frac{\alpha\beta}{N}I_N & -\frac{\beta^2}{N}I_N \end{pmatrix} \otimes I_n]\text{sig}(\bar{\mathcal{L}}\bar{\zeta})^\tau$$

$$+\frac{1}{2}\bar{\zeta}^T\left[\begin{pmatrix} -\frac{\alpha}{N}\mathcal{C}M & -\frac{\alpha}{N}\mathcal{C}M \\ -(\frac{\alpha\beta}{N}\mathcal{C}M+\frac{\alpha+\beta}{N}\mathcal{C}M) & -\frac{\alpha+2\beta}{N}\mathcal{C}M \end{pmatrix}\otimes I_n\right]\mathrm{sign}(\bar{\zeta})$$

$$+\frac{1}{2}\bar{\zeta}^T\left[\begin{pmatrix} \frac{\alpha}{N}M & \frac{\alpha}{N}M \\ (\frac{\alpha\beta}{N}M+\frac{\alpha+\beta}{N}M) & \frac{\alpha+2\beta}{N}M \end{pmatrix}\otimes I_n\right]\bar{\Delta}$$

$$=\frac{1}{2}\bar{\zeta}^T\left[\begin{pmatrix} \frac{-\alpha^2}{N}(\mathcal{L}+\mathcal{L}^T) & \mathbf{0}_N \\ \mathbf{0}_N & \frac{-\beta^2}{N}(\mathcal{L}+\mathcal{L}^T)+\frac{2\alpha}{N}I_N \end{pmatrix}\otimes I_n\right]\bar{\zeta}$$

$$+\frac{1}{2}\bar{\zeta}^T\left[\begin{pmatrix} -\frac{\alpha^2}{N} & -\frac{\alpha\beta}{N} \\ -\frac{\alpha\beta}{N} & -\frac{\beta^2}{N} \end{pmatrix}\otimes I_{nN}\right]\mathrm{sig}(\bar{\mathcal{L}}\bar{\zeta})^\tau$$

$$+\frac{1}{2}\bar{\zeta}^T\left[-\mathcal{C}\begin{pmatrix} \frac{\alpha}{N} & \frac{\alpha}{N} \\ (\frac{\alpha\beta}{N}+\frac{\alpha+\beta}{N}) & \frac{\alpha+2\beta}{N} \end{pmatrix}\otimes M\otimes I_n\right]\mathrm{sign}(\bar{\zeta})$$

$$+\frac{1}{2}\bar{\zeta}^T\left[\begin{pmatrix} \frac{\alpha}{N} & \frac{\alpha}{N} \\ (\frac{\alpha\beta}{N}+\frac{\alpha+\beta}{N}M) & \frac{\alpha+2\beta}{N} \end{pmatrix}\otimes M\otimes I_n\right]\bar{\Delta}$$

$$\leqslant-\bar{\zeta}^T(P_2\otimes I_{nN})\bar{\zeta}-\bar{\zeta}^T(P_3\otimes I_{nN})\bar{\mathcal{L}}^\tau\mathrm{sig}(\zeta)^\tau$$

$$-\frac{1}{2}\mathcal{C}\bar{\zeta}^T(P_4\otimes M\otimes I_n)\mathrm{sign}(\bar{\zeta})+\frac{1}{2}\bar{\zeta}^T(P_3\otimes M\otimes I_n)\bar{\Delta}$$

$$=-\bar{\zeta}^T(P_2\otimes I_{nN})\bar{\zeta}-\bar{\zeta}^T(P_3\otimes I_{nN})\bar{\mathcal{L}}^\tau\mathrm{sig}(\zeta)^\tau$$

$$-\frac{1}{2}\bar{\zeta}^T(P_3\otimes M\otimes I_n)[\mathcal{C}\mathrm{sign}(\bar{\zeta})-\bar{\Delta}]$$

$$(4-11)$$

则根据已知条件 $\|\delta_i\| \leqslant C < \infty$，我们有方程（4-12）。

$$\dot{V}_1 \leqslant -\bar{\zeta}^T(P_2 \otimes I_{nN})\bar{\zeta} - \bar{\zeta}^T(P_3 \otimes I_{nN})\bar{\mathcal{L}}^\tau \mathrm{sig}(\zeta)^\tau \qquad (4\text{-}12)$$

其中，

$$P_2 = \begin{pmatrix} \alpha^2 \lambda_2(\mathcal{L}) & 0 \\ 0 & \beta^2 \lambda_2(\mathcal{L}) - \alpha \end{pmatrix}$$

$$P_3 = \begin{pmatrix} -\dfrac{\alpha^2}{2N} & -\dfrac{\alpha\beta}{2N} \\ -\dfrac{\alpha\beta}{2N} & -\dfrac{\beta^2}{2N} \end{pmatrix}$$

以及

$$P_4 = \begin{pmatrix} \dfrac{\alpha}{N} & \dfrac{\alpha}{N} \\ \dfrac{\alpha\beta}{N} + \dfrac{\alpha+\beta}{N}M & \dfrac{\alpha+2\beta}{N} \end{pmatrix}$$

另外，利用引理 2-1 有方程（4-13）成立：

$$V_1(t) = \frac{1}{2}\bar{\zeta}^T(P_1 \otimes I_n)\bar{\zeta}$$

$$= \frac{\alpha\beta}{2N}\bar{x}^T[(\mathcal{L}+\mathcal{L}^T)\otimes I_n]\bar{x} + \frac{\alpha}{N}\bar{x}^T(I_N \otimes I_n)\bar{v} + \frac{\beta}{2N}\bar{v}^T(I_N \otimes I_n)\bar{v}$$

$$\leqslant \frac{\alpha\beta}{N}\lambda_2(\mathcal{L})\bar{x}^T(I_N \otimes I_n)\bar{x} + \frac{\alpha}{N}\bar{x}^T(I_N \otimes I_n)\bar{v} + \frac{\beta}{2N}\bar{v}^T(I_N \otimes I_n)\bar{v}$$

$$\leqslant \bar{\zeta}^T(P_5 \otimes I_{Nn})\bar{\zeta}$$

$$(4\text{-}13)$$

其中，

$$P_5 = \begin{pmatrix} \frac{\alpha\beta}{2N} & \frac{\alpha}{2N} \\ \frac{\alpha}{2N} & \frac{\beta}{2N} \end{pmatrix} > 0$$

则由方程（4-13），可得方程（4-14）成立。

$$V_1(t) \leqslant \lambda_{\max}(P_5)\bar{\zeta}^T\bar{\zeta} = m_3\bar{\zeta}^T\bar{\zeta} \tag{4-14}$$

其中，取参数 $m_3 = 2\alpha\beta\lambda_2(\mathcal{L}) + \sqrt{\dfrac{(2\alpha\beta\lambda_2(\mathcal{L})-\beta)^2+4\alpha^2}{4}}$。

而由方程（4-12），我们可以得到方程（4-15）：

$$\begin{aligned}
\dot{V}_1(t) &\leqslant -\lambda_{\min}(P_2)\bar{\zeta}^T\bar{\zeta} - \lambda_{\min}(P_3)\lambda_2(\mathcal{L})^\tau\bar{\zeta}^T\mathrm{sig}(\bar{\zeta})^\tau \\
&= -m_1\bar{\zeta}^T\bar{\zeta} - m_2\bar{\zeta}^T\mathrm{sig}(\bar{\zeta})^\tau
\end{aligned} \tag{4-15}$$

其中，参数取 $m_1 = \min\{\frac{\alpha^2\lambda_2(\mathcal{L})}{N}, \frac{\beta^2\lambda_2(\mathcal{L})-\alpha}{N}\}$，$m_2 = \frac{\alpha^2+\beta^2}{2N}\lambda_2^\tau(\mathcal{L})$。

则将方程（4-14）和方程（4-15）相结合，可得式（4-16）。

$$\dot{V}_1(t) \leqslant -\frac{m_1}{m_3}V_1(t) - \frac{m_2}{m_3}V_1(t)^{\frac{1+\tau}{2}} \tag{4-16}$$

综上所述，不等式（4-16）满足引理 2-8 的条件，即在有限时间内可得：

$$\bar{\zeta} = (\bar{x}^T, \bar{v}^T)^T = (\mathbf{0},\mathbf{0})^T$$

即在有限时间内有：

$$x_i \to \frac{1}{N}\sum_{j=1}^{N}x_j, \ v_i \to \frac{1}{N}\sum_{j=1}^{N}v_j, \ i=1,2,\cdots,N$$

具体的收敛时间为：

$$T = \frac{2m_3}{m_1(1-\tau)}\ln\frac{m_1 V^{1-\tau}(0)+m_2}{m_2} \qquad (4\text{-}17)$$

证毕。

4.4 有向强连通拓扑下的有限时间一致性

上一节主要考虑了无向通信拓扑下的有限时间一致性问题，在这一节我们将系统的通信拓扑拓展到有向强连通拓扑，来研究多智能体系统（4-1）的有限时间一致性问题。

记向量 $\bar{x}_i^d = x_i - \sum\limits_{j=1}^{N}\xi_j x_j$，$\bar{v}_i^d = v_i - \sum\limits_{j=1}^{N}\xi_j v_j$ 分别表示系统（4-1）的智能体在有向通信拓扑下的加权平均位置和加权平均速度。其中向量 $\xi = (\xi_1,\ \xi_2,\ \cdots,\ \xi_N)^T$ 是 Laplace 矩阵 $\mathcal{L}$ 对应于 0 特征值的左正特征向量，即满足 $\xi^T \mathbf{1} = 1$。

系统（4-1）在有向通信拓扑下的误差系统为（4-18）。

$$
\begin{aligned}
\dot{\bar{x}}_i^d &= \bar{v}_i^d \\
\dot{\bar{v}}_i^d &= u_i - \sum_{j=1}^{N}\xi_j u_j + \delta_i - \sum_{j=1}^{N}\xi_j\delta_j,\ \ i = 1,\cdots,N
\end{aligned} \qquad (4\text{-}18)
$$

记 $\bar{x}_d = [(\bar{x}_1^d)^T, (\bar{x}_2^d)^T, \cdots,\ (\bar{x}_N^d)^T]^T = (M_d \otimes I_n)x$，$\bar{v}_d = [(\bar{v}_1^d)^T$ $(\bar{v}_2^d)^T, \cdots,\ (\bar{v}_N^d)^T]^T = (M_d \otimes I_n)v$，这里 $M_d = I - \mathbf{1}\xi^T$。

将控制协议（4-4）代入方程（4-18）中可得误差系统的矩阵

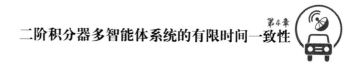

形式如下：

$$\dot{\bar{x}}_d = \bar{v}_d$$

$$\dot{\bar{v}}_d = -\alpha[(M_d \otimes I_n)((\mathcal{L} \otimes I_n)x + \text{sig}[(\mathcal{L} \otimes I_n)x]^\tau)]$$

$$- \beta[(M_d \otimes I_n)((\mathcal{L} \otimes I_n)v + \text{sig}[(\mathcal{L} \otimes I_n)v]^\tau)]$$

$$- \mathcal{C}(M_d \otimes I_n)[\text{sign}[(\mathcal{L} \otimes I_n)x] + \text{sign}[(\mathcal{L} \otimes I_n)v]]$$

$$+ (M_d \otimes I_n)\Delta$$

$$(4-19)$$

根据矩阵 $M_d = I - \mathbf{1}\xi^T$，以及引理 2-4 给出的有向强连通拓扑网络对应的 Laplace 矩阵的性质，可得 $\mathcal{L} M_d = \mathcal{L} = M_d \mathcal{L}$，代入误差系统（4-19）中有：

$$\dot{\bar{x}}_d = \bar{v}_d$$

$$\dot{\bar{v}}_d = -\alpha[(\mathcal{L} \otimes I_n)\bar{x}_d + \text{sig}[(\mathcal{L} \otimes I_n)\bar{x}_d]^\tau]$$

$$- \beta[(\mathcal{L} \otimes I_n)\bar{v}_d + \text{sig}[(\mathcal{L} \otimes I_n)\bar{v}_d]^\tau]$$

$$- \mathcal{C}(M_d \otimes I_n)[\text{sign}[(\mathcal{L} \otimes I_n)\bar{x}_d] + \text{sign}[(\mathcal{L} \otimes I_n)\bar{v}_d]] + (M_d \otimes I_n)\Delta$$

$$(4-20)$$

令 $\bar{\zeta}_d = (\bar{x}_d^T, \ \bar{v}_d^T)^T$，系统（4-20）可写为如（4-21）所示的矩阵形式：

$$\dot{\bar{\zeta}}_d = (B_1 \otimes I_n)\bar{\zeta}_d + (B_2 \otimes I_n)\text{sig}(\bar{\mathcal{L}}\bar{\zeta}_d)^\tau$$
$$+ (-\mathcal{C}B_3 \otimes I_n)\text{sign}(\bar{\zeta}_d) + (B_3 \otimes I_n)\bar{\Delta}$$

$$(4-21)$$

综上所述，系统（4-1）在有向通信拓扑下的误差系统可表示为（4-21），下面我们主要讨论系统（4-21）的有限时间一致性收敛问题。

定理 4-2 假设系统（4-1）的有向通信拓扑为强连通图，且控制协议（4-4）的控制增益满足 $\alpha/\beta^2 < a(\mathcal{L})$，$0 < \tau < 1$，则系统（4-1）可达到有限时间一致性，即在有限时间内达到 $x_i \to \sum_{j=1}^{N} \xi_j x_j$，$v_i \to \sum_{j=1}^{N} \xi_j v_j$，$i = 1, 2, \cdots, N$，其中 $a(\mathcal{L})$ 为有向强连通拓扑对应的 Laplace 矩阵 $\mathcal{L}$ 的代数连通度。

证明： 因为矩阵 $M_d = I - \mathbf{1}\xi^T$，其中 $\xi = (\xi_1, \xi_2, \cdots, \xi_N)^T$ 且满足 $\xi^T \mathbf{1} = 1$，则可得 0 是 M_d 的简单特征根，相应右特征向量为 $\mathbf{1}$，并且其他的特征值都有正实部，即可知若 $\bar{x}_d = 0$，$\bar{v}_d = 0$，当且仅当 $x_1 = x_2 = \cdots = x_N$ 以及 $v_1 = v_2 = \cdots = v_N$。因此，所研究的有限时间一致性问题等价于 $\bar{x}_d$ 和 $\bar{v}_d$ 在有限时间内收敛于零。

构造 Lyapunov 函数（4-22）：

$$V_2(t) = \tfrac{1}{2}\bar{\zeta}_d^T(\bar{P}_1 \otimes I_n)\bar{\zeta}_d \tag{4-22}$$

其中，

$$\bar{P}_1 = \begin{pmatrix} \alpha\beta(\Xi\mathcal{L} + \mathcal{L}^T\Xi) & \alpha\Xi \\ \alpha\Xi & \beta\Xi \end{pmatrix}$$

即有式（4-23）成立。

$$
\begin{aligned}
V_2(t) &= \frac{\alpha\beta}{2}\bar{x}_d^T(\Xi\mathcal{L} + \mathcal{L}^T\Xi) \otimes I_n)\bar{x}_d + \alpha\bar{x}_d^T(\Xi \otimes I_n)\bar{v}_d + \frac{\beta}{2}\bar{v}_d^T(\Xi \otimes I_n)\bar{v}_d \\
&\geqslant \frac{1}{2}\bar{\zeta}_d^T(\bar{Q}_1 \otimes I_n)\bar{\zeta}_d
\end{aligned}
$$

$$\tag{4-23}$$

其中，

$$\bar{Q}_1 = \begin{pmatrix} \alpha\beta a(\mathcal{L})\Xi & \alpha\Xi \\ \alpha\Xi & \beta\Xi \end{pmatrix}$$

选择控制参数 α，$\beta>0$，满足 $\alpha/2\beta^2<a(\mathcal{L})$，则根据引理 2-4 可得 $\bar{Q}_1>0$，即可得 $V_2(t) \geqslant 0$，当且仅当 $\bar{\zeta}_d = \mathbf{0}_{2Nn}$ 时，有 $V_2(t)=0$。

求 Lyapunov 函数 $V_2(t)$ 的导数，并将控制协议（4-4）代入可得方程（4-24）。

$$\dot{V}_2 = \frac{1}{2}\bar{\zeta}_d^T[(\bar{P}_1 B_1 + B_1\bar{P}_1)\otimes I_n]\bar{\zeta}_d + \frac{1}{2}\bar{\zeta}_d^T[(\bar{P}_1 B_2 + B_2\bar{P}_1)\otimes I_n]\mathrm{sig}(\bar{\mathcal{L}}\zeta_d)^\tau$$

$$+\frac{1}{2}\bar{\zeta}_d^T[-\mathcal{C}(\bar{P}_1 B_3 + B_3\bar{P}_1)\otimes I_n]\mathrm{sign}(\bar{\zeta}_d) + \frac{1}{2}\bar{\zeta}_d^T[(\bar{P}_1 B_3 + B_3\bar{P}_1)\otimes I_n]\bar{\Delta}$$

$$=\frac{1}{2}\bar{\zeta}_d^T[\begin{pmatrix} -\alpha^2(\Xi\mathcal{L} + \mathcal{L}^T\Xi) & 0_{N\times N} \\ 0_{N\times N} & -\beta^2(\Xi\mathcal{L} + \mathcal{L}^T\Xi) + 2\alpha\Xi \end{pmatrix}\otimes I_n]\bar{\zeta}_d$$

$$+\frac{1}{2}\bar{\zeta}_d^T[\begin{pmatrix} -\alpha^2\Xi & -\alpha\beta\Xi \\ -\alpha\beta\Xi & -\beta^2\Xi \end{pmatrix}\otimes I_n]\mathrm{sig}(\bar{\mathcal{L}}\zeta_d)^\tau$$

$$+\frac{1}{2}\bar{\zeta}_d^T[\begin{pmatrix} -\alpha\mathcal{C}\Xi M_d & -\alpha\mathcal{C}\Xi M_d \\ -[\alpha\beta\mathcal{C}M_d(\Xi\mathcal{L} + \mathcal{L}\Xi)+\alpha\mathcal{C}M_d\Xi+\beta\mathcal{C}\Xi M_d] & -[(\alpha+\beta)\mathcal{C}M_d\Xi+\beta\mathcal{C}\Xi M_d] \end{pmatrix}$$

$\otimes I_n]\mathrm{sign}(\bar{\zeta}_d)$

$$+\frac{1}{2}\bar{\zeta}_d^T\begin{bmatrix} \alpha\Xi M_d & \alpha\Xi M_d \\ \alpha\beta M_d(\Xi\mathcal{L}+\mathcal{L}\Xi)+\alpha M_d\Xi+\beta\Xi M_d & (\alpha+\beta)M_d\Xi+\beta\Xi M_d \end{bmatrix}$$

$\otimes I_n]\bar{\Delta}$

$$\leqslant -\bar{\zeta}_d^T(\bar{P}_1\otimes\Xi\otimes I_n)\bar{\zeta}_d-\bar{\zeta}_d^T(\bar{P}_2\otimes\Xi\otimes I_n)\bar{\mathcal{L}}^\tau\mathrm{sig}(\zeta_d)^\tau$$

$$-\frac{1}{2}\mathcal{C}\bar{\zeta}_d^T(\bar{P}_3\otimes\Xi\otimes M_d\otimes I_n)\mathrm{sign}(\bar{\zeta}_d)+\frac{1}{2}\bar{\zeta}_d^T(\bar{P}_3\otimes\Xi\otimes M_d\otimes I_n)\bar{\Delta}$$

$$= -\bar{\zeta}_d^T(\bar{P}_2\otimes\Xi\otimes I_n)\bar{\zeta}_d-\bar{\zeta}_d^T(\bar{P}_3\otimes\Xi\otimes I_n)\bar{\mathcal{L}}^\tau\mathrm{sig}(\zeta_d)^\tau$$

$$-\frac{1}{2}\bar{\zeta}_d^T(\bar{P}_4\otimes\Xi\otimes M_d\otimes I_n)[\mathrm{sign}(\bar{\zeta}_d)-\bar{\Delta}]$$

$$(4-24)$$

利用已知条件 $\|\delta_i\|\leqslant C<\infty$，我们可得方程（4-25）。

$$\dot{V}_2\leqslant -\bar{\zeta}_d^T(\bar{P}_2\otimes\Xi\otimes I_n)\bar{\zeta}_d-\bar{\zeta}_d^T(\bar{P}_3\otimes\Xi\otimes I_n)\bar{\mathcal{L}}^\tau\mathrm{sig}(\bar{\zeta}_d)^\tau \quad (4-25)$$

其中，

$$\bar{P}_2=\begin{bmatrix} \alpha^2 a(\mathcal{L}) & 0 \\ 0 & \beta^2 a(\mathcal{L})-\alpha \end{bmatrix}$$

$$\bar{P}_3=\begin{bmatrix} \frac{\alpha^2}{2} & \frac{\alpha\beta}{2} \\ \frac{\alpha\beta}{2} & \frac{\beta^2}{2} \end{bmatrix}$$

以及

$$\bar{P}_4=\begin{bmatrix} \alpha & \alpha \\ \alpha\beta+\alpha+\beta & \alpha+2\beta \end{bmatrix}$$

另外，有方程（4-26）成立：

$$
\begin{aligned}
V_2(t) &= \frac{1}{2}\bar{\zeta}_d^T(\bar{P}_1 \otimes I_n)\bar{\zeta}_d \\
&= \frac{\alpha\beta}{2}\bar{x}_d^T[(\Xi\mathcal{L} + \mathcal{L}^T\Xi) \otimes I_n]\bar{x}_d + \alpha\bar{x}_d^T(\Xi \otimes I_n)\bar{v}_d + \frac{\beta}{2}\bar{v}_d^T(\Xi \otimes I_n)\bar{v}_d \\
&\leqslant \alpha\beta b(\mathcal{L})\bar{x}_d^T(\Xi \otimes I_n)\bar{x}_d + \alpha\bar{x}_d^T(\Xi \otimes I_n)\bar{v}_d + \frac{\beta}{2}\bar{v}_d^T(\Xi \otimes I_n)\bar{v}_d \\
&\leqslant \frac{1}{2}\bar{\zeta}_d^T[(\bar{P}_5 \otimes \Xi) \otimes I_n]\bar{\zeta}_d
\end{aligned}
$$

$$(4\text{-}26)$$

其中，

$$
\bar{P}_5 = \begin{pmatrix} \alpha\beta b(\mathcal{L}) & \frac{\alpha}{2} \\ \frac{\alpha}{2} & \frac{\beta}{2} \end{pmatrix} > 0
$$

则根据方程（4-26），可得不等式（4-27）成立：

$$
V_2(t) \leqslant \lambda_{\max}(\bar{P}_5)\xi_{\max}\bar{\zeta}_d^T\bar{\zeta}_d = \bar{m}_3\bar{\zeta}_d^T\bar{\zeta}_d \tag{4-27}
$$

其中，取 $\bar{m}_3 = [2\alpha\beta b(\mathcal{L}) + \frac{\sqrt{(2\alpha\beta b(\mathcal{L})-\beta)^2+4\alpha^2}}{4}]\xi_{\max}$，$\xi_{\max} = \max\{\xi_1, \xi_2, \cdots, \xi_N\}$

而由方程（4-25），可得不等式（4-28）成立。

$$
\begin{aligned}
\dot{V}_2(t) &\leqslant -\lambda_{\min}(\bar{P}_1)\xi_{\min}\bar{\zeta}_d^T\bar{\zeta}_d - \lambda_{\min}(\bar{P}_2)\xi_{\min}a(\mathcal{L})^\tau\bar{\zeta}_d^T\,\mathrm{sig}(\bar{\zeta})_d^\tau \\
&= -\bar{m}_1\bar{\zeta}_d^T\bar{\zeta}_d - \bar{m}_2\bar{\zeta}_d^T\,\mathrm{sig}(\bar{\zeta}_d)^\tau
\end{aligned}
$$

$$(4\text{-}28)$$

其中，取 $\bar{m}_1 = \min\{\alpha^2 a(\mathcal{L})\xi_{\min}, (\beta^2 a(\mathcal{L})-\alpha)\xi_{\min}\}$，$\bar{m}_2 = \frac{\alpha^2+\beta^2}{2}a^\tau(\mathcal{L})\xi_{\min}$，这里 $\xi_{\min} = \min\{\xi_1, \xi_2, \cdots, \xi_N\}$。

将方程（4-27）和方程（4-28）相结合，可得式（4-29）。

$$
\dot{V}_2(t) \leqslant -\frac{\bar{m}_1}{\bar{m}_3}V_2(t) - \frac{\bar{m}_2}{\bar{m}_3}V_2(t)^{\frac{1+\tau}{2}} \tag{4-29}
$$

综合上述分析，根据引理 2-8 和不等式（4-29），基于有向通信拓扑下的多智能体系统（4-1）的智能体状态在有限时间内收敛为加权平均状态信息，则式（4-30）成立。

$$\lim_{t \to T} x_i = \sum_{j=1}^{N} \xi_j x_j, \lim_{t \to T} v_i = \sum_{j=1}^{N} \xi_j v_j, \ i = 1, 2, \cdots, N \qquad (4-30)$$

具体的收敛时间如式（4-31）所示。

$$T = \frac{2\bar{m}_3}{\bar{m}_1(1-\tau)} \ln \frac{\bar{m}_1 V^{1-\tau}(0) + \bar{m}_2}{\bar{m}_2} \qquad (4-31)$$

即有限时间一致性问题得到解决，证明完成。

4.5 数值仿真

本节考虑了在无向通信网络拓扑下，由 6 个智能体组成的多智能体系统（4-1）的有限时间一致性控制问题，见图 4-1。

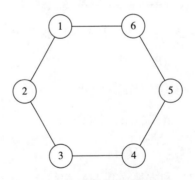

图 4-1 智能体的通信拓扑图

外部有界扰动为 $\delta_i = 0.1 \sin(t)$，基于定理 4-1 的内容，控制协议(4-4)的控制参数分别选取 $\beta = 0.1$，$\alpha = 0.025$，$\tau = 0.2$，$C = 0.5$。

图 4-2 至图 4-6 分别显示了智能体间的位置误差、速度误差、智能体自身的位置信息和速度信息以及所输入的控制信号。由图可见，多智能体系统（4-1）约在有限时间 $t=7s$ 时达到一致性控制，即所做数值仿真验证了理论的正确性。

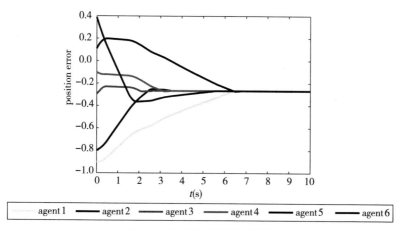

图 4-2　智能体间的位置误差

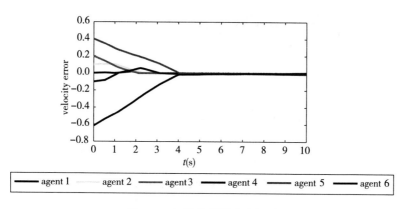

图 4-3　智能体间的速度误差

Several Issues of Finite-time Consensus Control for Multi-Agent Systems

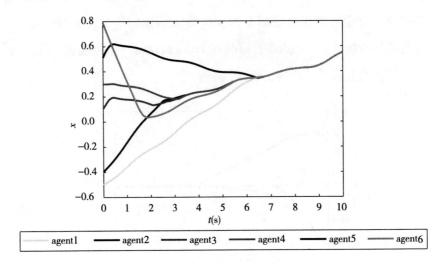

图 4-4　智能体的位置状态

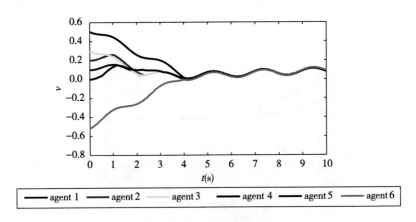

图 4-5　智能体的速度状态

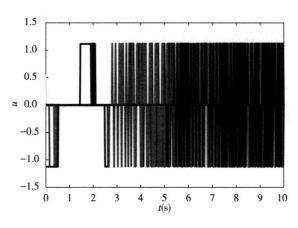

图4-6　智能体的控制输入

4.6　本章小结

本章主要研究了受到外部有界干扰下二阶积分器多智能体系统的分布式有限时间一致性控制问题。基于智能体间的相对位置和相对速度信息，提出了一种新的可用于无向连通拓扑和有向强连通拓扑网络的分布式有限时间控制协议。利用 Lyapunov 有限时间稳定性理论、矩阵理论以及图论的一些知识、理论证明系统中智能体的状态在有限时间内达到了一致性。最后进行了数值仿真，验证了理论的正确性。

特别是，本章所提出的研究方法既适用于同质系统，也可应用于异质系统，而且已有的多数结果都是关于系统的渐近一致性控制的。在本章中所考虑的系统模型比较理想，没有涉及实际系统中的信息传输时延、系统不确定性等因素。因而，如何应用本章的方法研究更为"真实"的非线性多智能体系统的有限时间一致性控制是需要继续探讨的问题。

第❺章
多刚体飞行器系统的分布式有限时间姿态协调追踪控制

在第 3 章和第 4 章中，主要讨论了二阶积分器类型的多智能体系统的有限时间一致性控制，并设计分布式控制协议使系统有效地抑制外部有界扰动达到有限时间一致性。本章以前两章的研究为基础，进一步考虑多刚体飞行器系统的有限时间分布式协调姿态追踪控制问题，多刚体飞行器系统的分布式协调控制是多智能体系统一致性控制的一个重要应用，在深空探测和对地观测等多种任务中都发挥着重要的作用。

5.1 引言

多刚体飞行器系统的一致性以及机械臂的协调运动都属于刚体

系统的姿态协调控制问题。刚体飞行器是复杂的非线性动力系统，Ahmed（1998）中描述其姿态运动需要用两个方程来表示，一个是动力学方程，另一个是运动学方程；Slotine（1990）利用修正的罗德里格（Rodriguez）参数表示飞行器的姿态动力学；Ahmed（1998）将姿态运动的两个方程整合为一个二阶 Euler-Lagrange 方程来描述。一般地，姿态协调控制问题主要包括两方面内容：同步控制和追踪控制，近年来已有一些关于刚体系统的姿态协调控制的研究结果，如 Ren（2009）、Chen（2011）、Abdessameud（2009）等。Park（2005）基于最优控制，鲁棒控制方法设计了有效地抑制外界干扰的姿态协调控制协议，使得刚体系统得到了姿态同步。Wong（2010）针对角速度信息未知的刚体飞行器系统给出了自适应控制协议，得到渐近追踪一致性控制。Meng（2010）利用修正的 Rodriguez 参数描述飞行器的姿态，提出分散控制协议，应用到了深空探测的编队飞行一致性控制，并且进一步拓展结果，讨论了具有多领导者的多刚体系统在无向通信拓扑下的有限时间包含控制问题。综上所述，关于刚体飞行器的协调姿态控制问题的研究大多得到的是渐近控制一致性。而对于刚体系统的姿态控制进行研究，提高收敛速度，有效地抑制外界干扰，设计合适的控制协议在有限时间内达到控制目标有着重要的实际意义。由于多刚体飞行器系统的非线性特征及模型的不确定性，需要运用非线性控制方法来实现有限时间协调姿态控制。滑模控制是一个有用的非线性控制方法，具有高度的鲁棒性、抗扰动性，YuSH（2005）、Khoo（2009）、Chen（2012）、Du（2012）

等已应用滑模控制方法实现了有限时间一致性。

　　基于前两章的内容及现有的一些文献结果，本章主要研究具有一个动态领导者的多刚体飞行器系统在有向拓扑通信网络的有限时间协调姿态追踪一致性控制问题。本章的主要内容是设计分布式控制协议，使得所研究多刚体飞行器系统的跟随者的姿态信息在有限时间内协调同步追踪上领导者的姿态信息。系统内飞行器间的通信受限时，只有一小部分的跟随者可探测到领导者的信息，故首先我们需要对领导者的状态信息做出估计，设计估计协议，使得跟随者在有限时间内估计出理想的姿态信息，即对领导者的姿态做出估计。利用估计信息设计有效的分布式滑模控制协议，得到有限时间姿态追踪控制。与存在的结果相比，本章内容的创新之处如下：

　　其一，提出有效的分布式估计协议，对领导者的姿态信息做出了有限时间估计。

　　其二，基于估计信息得出飞行器的相对姿态信息，提出终端滑模变量，应用滑模变量设计了有效的分布式协调有限时间控制协议。

　　其三，利用 Lyapunov 有限时间稳定性理论、终端滑模控制理论以及矩阵理论证明了在给出的控制协议作用下，系统在有限时间内达到姿态协调追踪控制。

　　其四，验证了所提出的分布式控制协议具有抗扰动性，并能求出具体的收敛时间。

　　下面我们将给出详细的内容叙述。

5.2　问题描述及预备知识

本章主要研究由一个领导者、n 个跟随者组成的多刚体飞行器系统的协调姿态追踪控制。跟随者记为 1, 2, …, n，领导者记为 0。跟随者与领导者的连接权值记为 b_i，若第 i 个跟随者与领导者相连，则 $b_i>0$，反之 $b_i=0$，$i=1, 2, …, n$，跟随者之间的通信是双向的，领导者到跟随者之间的通信是单向的，即只有领导者向跟随者发出单向命令信号。

所研究系统的通信拓扑图对应的 Laplace 矩阵 $\overline{\mathcal{L}}$ 可表示为：

$$\bar{\mathcal{L}} = \begin{pmatrix} \mathcal{L}_1 & -\mathbf{b} \\ 0_{1\times n} & 0 \end{pmatrix} \tag{5-1}$$

其中，$\mathcal{L}_1 \in \mathbb{R}^{n\times n}$，$\mathbf{b}=[b_1, b_2, …, b_n]^T \in \mathbb{R}^n$。

在本章中，所研究系统的网络通信拓扑满足下面的假设：

假设 5-1　刚体飞行器间的通信拓扑为有向图，且包含一个有向生成树，即至少有一个跟随者与领导者直接相连。

因为跟随者飞行器的通信是双向的，故矩阵 $\mathcal{L}_1$ 是对称矩阵。根据假设 5-1 可知，向量 $\mathbf{b}$ 至少含有一个正元素，故矩阵 $\mathcal{L}_1$ 至少存在一个对角线元素的值大于同一行内非对角线元素的和的绝对值，即矩阵 $\mathcal{L}_1$ 是对称正定矩阵。同时可得矩阵 $\mathcal{L}_1^{-1}$ 也是对称正定矩阵，并且满足下面的结论：

引理 5-1 向量 $-(\mathcal{L}_1)^{-1}\mathbf{b}$ 的每一个元素都为 1，即有 $-(\mathcal{L}_1)^{-1}\mathbf{b}=\mathbf{1}$。

第 i 个刚体飞行器的动力学方程和运动学方程表示为［Ahmed（1998）］：

$$
\begin{aligned}
J_i\dot{\omega}_i &= -\omega_i \times J_i\omega_i + \tau_i + \delta_i(t) \\
&= -E(\omega_i)J_i\omega_i + \tau_i + \delta_i(t)
\end{aligned}
\tag{5-2}
$$

$$
\dot{\sigma}_i = G(\sigma_i)\omega_i, \quad i = 1,\cdots,n
\tag{5-3}
$$

其中，方程（5-2）表示第 i 个刚体飞行器的动力学方程，方程（5-3）表示的是运动学方程。在方程（5-2）中，$\omega_i(t) \in \mathbb{R}^3$ 表示第 i 个刚体飞行器在体坐标系下的角速度，$J_i \in \mathbb{R}^{3\times3}$ 表示刚体飞行器的惯性矩阵，$\tau_i(t) \in \mathbb{R}^3$ 表示控制力矩输入，$E \in \mathbb{R}^{3\times3}$ 是斜对称矩阵，表示叉积算子，且有：

$$
E(\mathbf{a}) = \mathbf{a}^\times = \begin{pmatrix} 0 & -a_3 & a_2 \\ a_3 & 0 & -a_1 \\ -a_2 & a_1 & 0 \end{pmatrix}, \quad \forall\, \mathbf{a} = (a_1,a_2,a_3)^T \in \mathbb{R}^3
$$

矩阵 $G(\sigma_i) \triangleq \frac{1}{2}[((1-\sigma_i^T\sigma_i)/2)I_3 + \sigma_i^\times + \sigma_i\sigma_i^T]$ 在方程（5-3）中，$\sigma_i(t) \in \mathbb{R}^3$ 代表修正的 Rodriguez 参数［Slotine（1990）］，用来描述第 i 个刚体飞行器在惯性参考系下的姿态，表示为：

$$
\sigma_i(t) = a_i\tan(\frac{\phi_i}{4}), \quad \phi_i \in [0,2\pi), \quad i = 1,\cdots,n
$$

其中，a_i 表示欧拉轴，ϕ_i 表示欧拉角。

考虑方程（5-2）、方程（5-3），选择由 σ_i 和 $\dot{\sigma}_i$ 确定的状态空间坐标系。在选定的坐标系内可知，矩阵 G 是可逆矩阵，所给出的运动学方程是有效的。关于方程（5-3）求导，可得式（5-4）。

$$\ddot{\sigma}_i = \dot{G}(\sigma_i)\omega_i + G(\sigma_i)\dot{\omega}_i$$
$$= \dot{G}(\sigma_i)G^{-1}(\sigma_i)\dot{\sigma}_i + G(\sigma_i)J_i^{-1}[-S(\omega_i)J_i\omega_i + \tau_i + \delta_i(t)], \quad i = 1, \cdots, n$$

$$(5-4)$$

对式（5-4）两边同时乘以元素 $G^{-T}(\sigma_i)J_iG^{-1}(\sigma_i)$，可得式（5-5）。

$$G^{-T}(\sigma_i)J_iG^{-1}(\sigma_i)\ddot{\sigma}_i$$
$$= G^{-T}(\sigma_i)J_iG^{-1}(\sigma_i)\dot{G}(\sigma_i)G^{-1}(\sigma_i)\dot{\sigma}_i - G^{-T}(\sigma_i)E(\omega_i)J_iG^{-1}(\sigma_i)\dot{\sigma}_i$$
$$+ G^{-T}(\sigma_i)(\tau_i + \delta_i(t))$$
$$= [G^{-T}(\sigma_i)J_iG^{-1}(\sigma_i)\dot{G}(\sigma_i)G^{-1}(\sigma_i) + G^{-T}(\sigma_i)(J_iG^{-1}(\sigma_i)\dot{\sigma}_i)^{\times}G^{-1}(\sigma_i)]\dot{\sigma}_i$$
$$+ G^{-T}(\sigma_i)(\tau_i + \delta_i(t)), \quad i = 1, \cdots, n$$

$$(5-5)$$

第 i 个飞行器的运动模型可表示为二阶非线性动力学方程（5-6）[Slotine（1990）]。

$$M_i(\sigma_i)\ddot{\sigma}_i + C_i(\sigma_i, \dot{\sigma}_i)\dot{\sigma}_i = G^{-T}(\sigma_i)(\tau_i + \delta_i(t)), \ i = 1, \cdots, n \quad (5-6)$$

其中，矩阵 M，$C \in \mathbb{R}^{3\times3}$ 分别表示为 $M_i(\sigma_i) = G^{-T}(\sigma_i)J_iG^{-1}(\sigma_i)$ 及 $C_i(\sigma_i, \dot{\sigma}_i) = -G^{-T}(\sigma_i)J_iG^{-1}(\sigma_i)\dot{G}(\sigma_i)G^{-1}(\sigma_i) - G^{-T}(\sigma_i)(J_iG^{-1}(\sigma_i)\dot{\sigma}_i)G^{-1}(\sigma_i)$。方程（5-3）也可用来描述机械臂等具有类似性质的刚体动力学，其中惯性矩阵 $M_i(\sigma_i)$ 是正定对称矩阵，并且矩阵

$M_i(\sigma_i)$ 及矩阵 $C(\sigma_i, \dot{\sigma}_i)$ 满足如下的斜对称关系：$x^T(M_i(\sigma_i) - 2C(\sigma_i, \dot{\sigma}_i))x = 0, (\forall x \in \mathbb{R}^3)$，外部的扰动满足 $\|\delta_i(t)\|_\infty \leq l < +\infty$，$i = 1, 2, \cdots, n$。

假设 5-2 假设跟随者飞行器可以探测到领导者的姿态信息 σ_0，而只有一小部分的跟随者可探测到领导者的信息 $\dot{\sigma}_0$，且满足 $\|\dot{\sigma}_0\|_\infty \leq \mu_1 < +\infty$ 及 $\|\ddot{\sigma}_0\|_\infty \leq \mu_2 < +\infty$。

因为系统内只有一小部分的跟随者可探测到领导者的信息，首先我们设计分布式估计协议，使得跟随者在有限时间内估计出理想的领导者的姿态信息，下面给出具体的内容。

5.3 有限时间估计

这一节的主要内容是对 Cao（2010）主要结论的推广，给出如（5-7）的分布式估计协议：

$$\dot{\hat{x}}_i = -\beta \sum_{j=1}^{n} T_{ij} \text{sign}\Big[\sum_{k=1}^{n} a_{jk}(\hat{x}_j - \hat{x}_k) + b_j(\hat{x}_j - \dot{\sigma}_0)\Big], \quad i = 1, \cdots, n \quad (5\text{-}7)$$

其中，$\beta > \mu_2 b > 0$，$b = \|\mathbf{b}\|_\infty = \max\{b_1, b_2, \cdots, b_n\}$，$T_{ij}$ 是矩阵 $\mathcal{L}_1^{-1}$ 的 (i, j) 元，即 $\hat{x}_i$ 为第 i 个跟随者对领导者姿态信息 $\dot{\sigma}_0$ 的估计，并有 $\hat{x}_0 = \dot{\sigma}_0$。

定理 5-1 考虑方程（5-3），假设 5-1、假设 5-2 成立，估计

参数满足 $\beta > \mu_2 b > 0$，则在估计协议（5-7）的作用下，可在有限时间得到：$\hat{x}_i \to \dot{\sigma}_0$，$i = 1,\ \cdots,\ n$。

证明： 令 $\bar{x}_i = \hat{x}_i - \dot{\sigma}_0$，$i = 1,\ \cdots,\ n$，记 $\varepsilon_0 = [\ \bar{x}_1,\ \bar{x}_2,\ \cdots,\ \bar{x}_n\ ]^T$，构造如下的 Lyapunov 函数：

$$V_1 = \frac{1}{2}\varepsilon_0^T (\mathcal{L}_1 \otimes I_3)^T (\mathcal{L}_1 \otimes I_3)\varepsilon_0$$

利用 Holder's 不等式 $|\ x^T y\ | \leqslant \|x\|_1 \|y\|_\infty$，及矩阵范数 $\|AB\|_\infty \leqslant \|A\|_\infty \|B\|_\infty$，$\|A\|_1 \geqslant \|A\|_2$，对 Lyapunov 函数 V_1 求导可得式（5-8）。

$$
\begin{aligned}
\dot{V}_1 &= \varepsilon_0^T (\mathcal{L}_1 \otimes I_3)^T (\mathcal{L}_1 \otimes I_3)\dot{\varepsilon}_0 \\
&= \varepsilon_0^T (\mathcal{L}_1 \otimes I_3)^T (\mathcal{L}_1 \otimes I_3)[-\beta(\mathcal{L}_1 \otimes I_3)^{-1}\mathrm{sign}((\mathcal{L}_1 \otimes I_3)\varepsilon_0) - \ddot{\sigma}_0 \otimes \mathbf{1}_n] \\
&= ((\mathcal{L}_1 \otimes I_3)\varepsilon_0)^T[-\beta\,\mathrm{sign}((\mathcal{L}_1 \otimes I_3)\varepsilon_0) - (\mathcal{L}_1 \otimes I_3)(\ddot{\sigma}_0 \otimes \mathbf{1}_n)] \\
&\leqslant -(\beta - \mu_2\|\mathbf{b}\|_\infty)\|(\mathcal{L}_1 \otimes I_3)\varepsilon_0\|_1 \\
&\leqslant -(\beta - \mu_2\|\mathbf{b}\|_\infty)\|(\mathcal{L}_1 \otimes I_3)\varepsilon_0\|_2 \\
&= -\sqrt{2}(\beta - \mu_2\|\mathbf{b}\|_\infty)V_1^{\frac{1}{2}} \\
&= -\sqrt{2}(\beta - \mu_2 b)V_1^{\frac{1}{2}}
\end{aligned}
$$

$$(5\text{-}8)$$

其中，$\|\ddot{\sigma}_0\|_\infty \leqslant \mu_2 < +\infty$，$b = \|\mathbf{b}\|_\infty = \max\{b_1,\ b_2,\ \cdots,\ b_n\}$。

综上推导可知满足引理 2-8 的条件，即在有限时间可得：

$$\hat{x} \to \dot{\sigma}_0,\quad i = 1,\ 2,\ \cdots,\ n$$

具体的收敛时间如式（5-9）所示。

$$T_1 = \frac{\sqrt{2}}{\beta - \mu_2 b} V_1^{\frac{1}{2}}(0) \tag{5-9}$$

即当 $t \geqslant T_1$ 时，跟随者智能体对领导者智能体的观测信息 $\dot{\sigma}_0$ 可由 $\hat{x}_i(i=1, 2, \cdots, n)$ 来代替。

5.4　有限时间协调追踪一致性控制

在这一节，基于上述估计信息提出有效的有限时间分布式协调追踪控制协议，使得跟随者飞行器在有限时间内协调追踪上领导者飞行器。

首先，给出如（5-10）所示的终端滑模变量：

$$s_i = \sum_{j=1}^{n} a_{ij}(\sigma_i - \sigma_j) + b_i(\sigma_i - \sigma_0) + c\sum_{j=1}^{n} l_{ij}\mathrm{sig}(\dot{\sigma}_j - \hat{x}_j)^{\alpha} \tag{5-10}$$
$$i = 1, \cdots, n, \ t \geqslant T_1$$

并记 $S = [s_1, \ s_2, \ \cdots, \ s_n]^T$。

定理 5-2　考虑方程（5-3），假设（5-1）、假设（5-2）成立，提出分布式控制协议（5-11）。

$$\tau_i = -k_1\mathrm{sign}(\dot{\sigma}_i^T G^{-T}(\sigma_i)) - G^T(\sigma_i)(k_2\sigma_i + k_3\dot{\sigma}_i), \ i = 1, \ldots, n, \ 0 < t < T_1$$
$$\tag{5-11}$$

$$\tau_i = G^T(\sigma_i)C_i(\sigma_i, \dot{\sigma}_i)\dot{\sigma}_i - \frac{1}{\alpha c}J_i G^{-1}(\sigma_i)\mathrm{sig}(\dot{\sigma}_i - \hat{x}_i)^{2-\alpha}$$
$$-J_i G^{-1}(\sigma_i)[k_2 s_i + k_3\mathrm{sig}(s_i)^{\eta} + (k_4 + \frac{l}{\| J_i G^{-1}(\sigma_i) \|})\mathrm{sig}(s_i)]$$
$$i = 1, \cdots, n, \ t \geqslant T_1$$
$$\tag{5-12}$$

多智能体系统的有限时间一致性控制问题
Several Issues of Finite-time Consensus Control for Multi-Agent Systems

其中，控制参数分别满足：$k_1>l$, $k_2>0$, $k_3>0$, $k_4>\beta>0$, $0<\eta<1$, $1<\alpha<2$, $c>\mu_2$，则在有限时间内可得：$\sigma_i\to\sigma_0$, $\dot\sigma_i\to\dot\sigma_0$, $i=1,\cdots,n$。

证明：首先证明当 $t\in(0,T_1)$ 时，跟随者飞行器的姿态信息 σ_i 及 $\dot\sigma_i$ 是有界的，基于控制协议（5-11）构造 Lyapunov 函数（5-13）。

$$V_{2i}(\sigma_i,\dot\sigma_i)=\frac{1}{2}k_2\sigma_i^T\sigma_i+\frac{1}{2}\dot\sigma_i^T M_i(\sigma_i)\dot\sigma_i,\ i=1,2,\cdots,n \quad (5\text{-}13)$$

由于惯性矩阵 $M_i(\sigma_i)$ 是正定对称矩阵，将控制协议（5-11）代入方程（5-3）中可得：

$$
\begin{aligned}
\ddot\sigma_i &= M_i^{-1}(\sigma_i)G^{-T}(\sigma_i)(\tau_i+\delta_i(t))-M_i^{-1}(\sigma_i)C_i(\sigma_i,\dot\sigma_i)\dot\sigma_i\\
&= M_i^{-1}(\sigma_i)G^{-T}(\sigma_i)[G^T(\sigma_i)(-k_2\sigma_i-k_3\dot\sigma_i)-k_1\mathrm{sign}(\dot\sigma_i^T G^{-T}(\sigma_i))]\\
&\quad +M_i^{-1}(\sigma_i)G^{-T}(\sigma_i)\delta_i(t)-M_i^{-1}(\sigma_i)C_i(\sigma_i,\dot\sigma_i)\dot\sigma_i\\
&= M_i^{-1}(\sigma_i)(-k_2\sigma_i-k_3\dot\sigma_i)+M_i^{-1}(\sigma_i)G^{-T}(\sigma_i)[-k_1\mathrm{sign}(\dot\sigma_i^T G^{-T}(\sigma_i))]\\
&\quad +M_i^{-1}(\sigma_i)G^{-T}(\sigma_i)\delta_i(t)-M_i^{-1}(\sigma_i)C_i(\sigma_i,\dot\sigma_i)\dot\sigma_i,\ i=1,2,\cdots,n
\end{aligned}
$$

$$(5\text{-}14)$$

对 Lyapunov 函数 V_{2i} 求导，分别将控制协议（5-11）和方程（5-14）代入得式（5-15）。

$$
\begin{aligned}
\dot V_{2i}(\sigma_i,\dot\sigma_i)&=k_2\sigma_i^T\dot\sigma_i+\frac{1}{2}[\ddot\sigma_i^T M_i(\sigma_i)\dot\sigma_i+\dot\sigma_i^T \dot M_i(\sigma_i)\dot\sigma_i+\dot\sigma_i^T M_i(\sigma_i)\ddot\sigma_i]\\
&=k_2\sigma_i^T\dot\sigma_i+\frac{1}{2}[M_i^{-1}(\sigma_i)(-k_2\sigma_i-k_3\dot\sigma_i)\\
&\quad +M_i^{-1}(\sigma_i)G^{-T}(\sigma_i)(-k_1\mathrm{sign}(\dot\sigma_i^T G^{-T}(\sigma_i)))
\end{aligned}
$$

· 78 ·

$$+ M_i^{-1}(\sigma_i)G^{-T}(\sigma_i)\delta_i(t) - M_i^{-1}(\sigma_i)C_i(\sigma_i,\dot\sigma_i)\dot\sigma_i]^T M_i(\sigma_i)\dot\sigma_i$$

$$+ \frac{1}{2}\dot\sigma_i^T \dot M_i(\sigma_i)\dot\sigma_i + \frac{1}{2}\dot\sigma_i^T M_i(\sigma_i)[M_i^{-1}(\sigma_i)(-k_2\sigma_i - k_3\dot\sigma_i)$$

$$+ M_i^{-1}(\sigma_i)G^{-T}(\sigma_i)(-k_1\mathrm{sign}(\dot\sigma_i^T G^{-T}(\sigma_i)))$$

$$+ M_i^{-1}(\sigma_i)G^{-T}(\sigma_i)\delta_i(t) - M_i^{-1}(\sigma_i)C_i(\sigma_i,\dot\sigma_i)\dot\sigma_i]$$

$$= k_2\sigma_i^T\dot\sigma_i + \dot\sigma_i^T M_i(\sigma_i)[M_i^{-1}(\sigma_i)(-k_2\sigma_i - k_3\dot\sigma_i)$$

$$+ M_i^{-1}(\sigma_i)G^{-T}(\sigma_i)(-k_1\mathrm{sign}(\dot\sigma_i^T G^{-T}(\sigma_i)))$$

$$+ M_i^{-1}(\sigma_i)G^{-T}(\sigma_i)\delta_i(t) - M_i^{-1}(\sigma_i)C_i(\sigma_i,\dot\sigma_i)\dot\sigma_i] + \frac{1}{2}\dot\sigma_i^T \dot M_i(\sigma_i)\dot\sigma_i$$

$$= -k_3\dot\sigma_i^T\dot\sigma_i + \dot\sigma_i^T G^{-T}(\sigma_i)(-k_1\mathrm{sign}(\dot\sigma_i^T G^{-T}(\sigma_i)) + \delta_i(t))$$

$$- \dot\sigma_i^T C_i(\sigma_i,\dot\sigma_i)\dot\sigma_i + \frac{1}{2}\dot\sigma_i^T \dot M_i(\sigma_i)\dot\sigma_i$$

$$= -k_3\dot\sigma_i^T\dot\sigma_i + \dot\sigma_i^T G^{-T}(\sigma_i)(-k_1\mathrm{sign}(\dot\sigma_i^T G^{-T}(\sigma_i)) + \delta_i(t))$$

$$+ \frac{1}{2}\dot\sigma_i^T(\dot M_i(\sigma_i) - 2C_i(\sigma_i,\dot\sigma_i))\dot\sigma_i, \quad i = 1,2,\cdots,n$$

$$(5\text{-}15)$$

由于控制参数满足 $k_1 > l > 0$、$\parallel M_i(t) \parallel \leqslant l < +\infty$、$k_2 > 0$，$k_3 > 0$ 以及矩阵 $\dot M_i(\sigma_i) - 2C_i(\sigma_i, \dot\sigma_i)$ 是斜对称矩阵，故可得式（5-16）。

$$\dot V_{2i}(\sigma_i,\dot\sigma_i) \leqslant -k_3\dot\sigma_i^T\dot\sigma_i \leqslant 0, \quad i = 1,2,\cdots,n \qquad (5\text{-}16)$$

即可知当 $t < T_1$ 时，飞行器的姿态信息 σ_i，$\dot\sigma_i$，$i = 1, 2, \cdots, n$ 是有界的。

下一步证明，当 $t \geqslant T_1$ 时，方程（5-3）在有限时间内可得到协调姿态追踪控制一致性。根据定理 5-1 可知，当 $t \geqslant T_1$ 时，领导者的角速度 $\dot\sigma_0$ 可被替换为 $\hat x_i (i = 1, \cdots, n)$。

记 $\varepsilon_1 = (\sigma_1 - \sigma_0,\ \sigma_2 - \sigma_0,\ \cdots,\ \sigma_n - \sigma_0)^T$ 及 $\varepsilon_2 = (\dot{\sigma}_1 - \hat{x}_1,\ \dot{\sigma}_2 - \hat{x}_2,\ \cdots,$ $\dot{\sigma}_n - \hat{x}_n)^T$，则滑模变量（5-10）可表示为如式（5-17）所示的向量形式：

$$S = (\mathcal{L}_1 \otimes I_3)\varepsilon_1 + c(\mathcal{L}_1 \otimes I_3)\mathrm{sig}(\varepsilon_2)^\alpha,\ t \geqslant T_1 \qquad (5\text{-}17)$$

在此构造有效的 Lyapunov 函数（5-18）：

$$V_3 = \frac{1}{2}S^T(\mathcal{L}_1 \otimes I_3)^{-1}S \qquad (5\text{-}18)$$

若假设 5-1 成立，则根据引理 2-6、引理 2-7 可知矩阵 $\mathcal{L}_1^{-1}$ 是正定矩阵，因此函数 V_3 为正定函数。

当 $t \geqslant T_1$ 时，对于函数 V_3 求导数可得式（5-19）：

$$
\begin{aligned}
\dot{V}_3 &= S^T(\mathcal{L}_1 \otimes I_3)^{-1}\dot{S} \\
&= S^T(\mathcal{L}_1 \otimes I_3)^{-1}[(\mathcal{L}_1 \otimes I_3)\varepsilon_2 + \alpha c(\mathcal{L}_1 \otimes I_3)diag\{|\varepsilon_2|^{\alpha-1}\}\dot{\varepsilon}_2] \\
&= S^T\varepsilon_2 + \alpha c S^T diag\{|\varepsilon_2|^{\alpha-1}\}\dot{\varepsilon}_2 \\
&= \sum_{i=1}^{n}[s_i^T\varepsilon_{2i} + \alpha c s_i^T diag\{|\varepsilon_{2i}|^{\alpha-1}\}(\ddot{\sigma}_i - \dot{\hat{x}}_i)] \\
&= \sum_{i=1}^{n}\{s_i^T\varepsilon_{2i} + \alpha c s_i^T diag\{|\varepsilon_{2i}|^{\alpha-1}\} \\
&\quad (G(\sigma_i)J_i^{-1}[\tau_i + \delta_i - G^T(\sigma_i)C_i(\sigma_i, \dot{\sigma}_i)\dot{\sigma}_i] - \dot{\hat{x}}_i)\}
\end{aligned}
$$

$$(5\text{-}19)$$

将方程（5-10）和方程（5-12）代入 $\dot{V}_3$ 中可得式（5-20）。

$$\dot{V}_3 = \sum_{i=1}^{n} \alpha c s_i^T diag\{|\varepsilon_{2i}|^{\alpha-1}\}\{-\frac{l}{\parallel J_i G^{-1}(\sigma_i) \parallel}\text{sign}(s_i) + G(\sigma_i)J_i^{-1}\delta_i - \dot{\hat{x}}_i$$

$$-[k_2 s_i + k_3 \text{sig}(s_i)^\eta + k_4 \text{sign}(s_i)]\}$$

$$= \alpha c \sum_{i=1}^{n} s_i^T diag\{|\varepsilon_{2i}|^{\alpha-1}\}\{-\frac{l}{\parallel J_i G^{-1}(\sigma_i) \parallel}\text{sign}(s_i) + G(\sigma_i)J_i^{-1}\delta_i$$

$$-\beta \sum_{j=1}^{n} T_{ij}\text{sign}(\sum_{k=1}^{n} a_{jk}(\hat{x}_j - \hat{x}_k) + b_j(\hat{x}_j - \dot{\sigma}_0))$$

$$-[k_2 s_i + k_3 \text{sig}(s_i)^\eta + k_4 \text{sign}(s_i)]\}$$

$$\leqslant -\alpha c k_2 \sum_{i=1}^{n} s_i^T diag\{|\varepsilon_{2i}|^{\alpha-1}\}s_i - \alpha c k_3 \sum_{i=1}^{n} s_i^T diag\{|\varepsilon_{2i}|^{\alpha-1}\}\text{sig}(s_i)^\eta$$

$$-\alpha c(k_4 - \beta)\sum_{v=1}^{3}\sum_{i=1}^{n}|\varepsilon_{2iv}|^{\alpha-1}|s_{iv}|$$

$$\leqslant -\alpha c k_2 \sum_{v=1}^{3}\sum_{i=1}^{n} s_{iv}^T|\varepsilon_{2iv}|^{\alpha-1}s_{iv} - \alpha c k_3 \sum_{v=1}^{3}\sum_{i=1}^{n} s_{iv}^T|\varepsilon_{2iv}|^{\alpha-1}|s_{iv}|^\eta\text{sign}(s_{iv})$$

$$(5-20)$$

令 $\varepsilon_{\min} = \min_{i=1,\cdots,n,v=1,2,3}|\varepsilon_{2iv}|^{\alpha-1} > 0$，则有：

$$\dot{V}_3 \leqslant -\alpha c k_2 \varepsilon_{\min}\sum_{v=1}^{3}\sum_{i=1}^{n} s_{iv}^T s_{iv} - \alpha c k_3 \varepsilon_{\min}\sum_{v=1}^{3}\sum_{i=1}^{n}|s_{iv}|^{1+\eta}$$

$$\leqslant -\alpha c k_2 \varepsilon_{\min} S^T S - \alpha c k_3 \varepsilon_{\min}(\sum_{v=1}^{3}\sum_{i=1}^{n}|s_{iv}|^2)^{\frac{1+\eta}{2}}$$

$$= -\alpha c k_2 \varepsilon_{\min}\|S\|_2^2 - \alpha c k_3 \varepsilon_{\min}\|S\|_2^{1+\eta}$$

$$\leqslant -2\alpha c k_2 \varepsilon_{\min}\lambda_{\min}(\mathcal{L}_1)V_3 - \alpha c k_3 \varepsilon_{\min}(2(\lambda_{\min}(\mathcal{L}_1))^{\frac{1+\eta}{2}})V_3^{\frac{1+\eta}{2}}$$

$$(5-21)$$

其中，s_{iv} 及 ε_{2iv} 分别表示 s_i 和 ε_{2i} 的第 v 个元素，$i=1$，…，n，$v=1$，2，3。即当 $\varepsilon_{2i} \neq 0$ 时，分别利用 $\mathcal{L}_1$ 是对称矩阵、$k_4 > \beta$ 及引理 2-2、

引理2-6、引理2-7等条件得出上述推导过程。

根据引理2-8，由方程（5-21）可得滑模变量 S 在有限时间内收敛到零，具体的收敛时间如式（5-22）所示：

$$T_2 \leqslant T_1 + \frac{1}{\alpha c k_2 \varepsilon_{\min}(1-\eta)\lambda_{\min}(\mathcal{L}_1)}\ln(\frac{2k_2(\lambda_{\min}(\mathcal{L}_1)V_3(T_1))^{\frac{1-\eta}{2}}}{k_3 2^{\frac{1+\eta}{2}}}+1)$$

$$(5-22)$$

应该注意的是，上述结论没有分析 $\varepsilon_2 = 0$ 的情况，下面将说明当 $\sum_{j=1}^{n} s_j \neq 0$ 时，对于任意非零的时间区间内，都有 $\varepsilon_2 \neq 0$。

当 $t \geqslant T_1$ 时，假设 $\varepsilon_2 = 0$ 成立，则将控制协议（5-12）代入方程（5-3）中，得到式（5-23）。

$$\ddot{\sigma}_i = -\frac{l}{\| J_i G^{-1}(\sigma_i) \|}\mathrm{sign}(s_i) - \frac{1}{\alpha}\mathrm{sig}(\varepsilon_{2i})^{2-\alpha}$$
$$-(k_2 s_i + k_3\mathrm{sig}(s_i)^\eta + k_4\mathrm{sign}(s_i)) + G(\sigma_i)J_i^{-1}\delta_i \qquad (5-23)$$

进一步可得式（5-24）。

$$\dot{\varepsilon}_{2i} = -\frac{l}{\| J_i G^{-1}(\sigma_i) \|}\mathrm{sign}(s_i) - \frac{1}{\alpha}\mathrm{sig}(\varepsilon_{2i})^{2-\alpha}$$
$$-[k_4\mathrm{sign}(s_i) + k_2 s_i + k_3\mathrm{sig}(s_i)^\eta] + G(\sigma_i)J_i^{-1}\delta_i - \dot{\hat{x}}_i$$
$$= -\frac{l}{\| J_i G^{-1}(\sigma_i) \|}\mathrm{sign}(s_i) - \frac{1}{\alpha}\mathrm{sig}(\varepsilon_{2i})^{2-\alpha} - (k_2 s_i + k_3\mathrm{sig}(s_i)^\eta + k_4\mathrm{sign}(s_i))$$
$$+G(\sigma_i)J_i^{-1}\delta_i + \beta\sum_{j=1}^{n} T_{ij}\mathrm{sign}(\sum_{k=1}^{n} a_{jk}(\hat{x}_j - \hat{x}_k) + b_j(\hat{x}_j - \dot{\sigma}_0))$$

$$(5-24)$$

即当 $\varepsilon_{2i} = 0$ 及 $s_i \neq 0$ 时，我们可得式（5-25）。

$$\dot{\varepsilon}_{2i} = -\frac{l}{\parallel J_i G^{-1}(\sigma_i) \parallel}\text{sign}(s_i) + G(\sigma_i)J_i^{-1}\delta_i - k_4\text{sign}(s_i)$$

$$+\beta\sum_{j=1}^{n}T_{ij}\text{sign}(\sum_{k=1}^{n}a_{jk}(\hat{x}_j - \hat{x}_k) + b_j(\hat{x}_j - \dot{\sigma}_0)) - (k_2 s_i + k_3\text{sig}(s_i)^{\eta})$$

$$(5-25)$$

综上所述，因为 $k_4>\beta>0$ 以及 $\parallel M_i(t) \parallel \leqslant l<+\infty$，则可知当 $s_i>0(s_i<0)$ 时，有 $\varepsilon_{2i}<0(\varepsilon_{2i}>0)$，$i=1, 2, \cdots, n$，即说明 $\varepsilon_2=0$ 在相位空间中不是吸引子。

最后，我们将说明跟随者的相对姿态信息在滑模面上有限时间内滑动到平衡点，在前面给出非奇异的终端滑模变量可表示为：

$$S = (\mathcal{L}_1 \otimes I_3)\varepsilon_1 + c(\mathcal{L}_1 \otimes I_3)\text{sig}(\varepsilon_2)^{\alpha} = 0 \qquad (5-26)$$

即有式（5-27）。

$$\varepsilon_1 + c|\varepsilon_2|^{\alpha}\text{sign}(\varepsilon_2) = 0 \qquad (5-27)$$

变形可得式（5-28）。

$$\varepsilon_2 + (\frac{1}{c})^{\frac{1}{\alpha}}|\varepsilon_1|^{\frac{1}{\alpha}}\text{sign}(\varepsilon_1) = 0 \qquad (5-28)$$

可见，式（5-28）满足引理2-9的条件，即在滑模面 $S=(\mathcal{L}_1\otimes I_3)\varepsilon_1+c(\mathcal{L}_1\otimes I_3)\text{sig}(\varepsilon_2)^{\alpha}=0$ 上，$(\varepsilon_1, \varepsilon_2)=(\mathbf{0}, \mathbf{0})$ 成立，确定的收敛时间为式（5-29）。

$$T_3 = \frac{c^{\frac{1}{\alpha}}\alpha}{\alpha-1}\|\varepsilon_1(T_2)\|_{\infty}^{\frac{\alpha-1}{\alpha}} \qquad (5-29)$$

综上所述，在有限时间 $T=T_2+T_3$ 内，可得 $\varepsilon_1=\mathbf{0}$，$\varepsilon_2=\mathbf{0}$，即有式（5-30）。

$$\lim_{t\to T} \sigma_i = \sigma_0,\ \lim_{t\to T} \dot{\sigma}_i = \dot{\sigma}_0,\ i = 1, \cdots, n \qquad (5\text{-}30)$$

跟随者的姿态在有限时间内协调追踪上了领导者。

证毕。

5.5 数值仿真

在本节考虑由 4 个跟随者和一个领导者组成的多刚体飞行器系统，对应的通信拓扑见图 5-1。

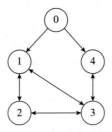

图 5-1 刚体飞行器系统的通信拓扑图

飞行器的惯性矩阵如下：

$$J_1 = diag\,(1.8, 1.2, 1.0)\mathrm{kgm}^2$$
$$J_2 = diag\,(2, 1.6, 1.2)\mathrm{kgm}^2$$
$$J_3 = diag\,(1.7, 1.6, 1.2)\mathrm{kgm}^2$$

以及

$$J_4 = diag\,(1.5, 1.3, 0.8)\mathrm{kgm}^2$$

领导者的角速度取为：$\sigma_0 = [\,0.2 \sin t,\, 0.3 \cos t,\, 0.5 \sin t\,]^T$。

四个跟随者的初始状态值取为：

$$\sigma_1(0) = [0.6, 0.4, 0.5], \omega_1(0) = [0.1, 0.2, 0.5,]$$
$$\sigma_2(0) = [0.5, 0.45, 0.5], \omega_2(0) = [0.1, -0.1, 0.5]$$
$$\sigma_3(0) = [0.6, 0.48, 0.6], \omega_3(0) = [-0.2, 0.3, 0.1]$$
$$\sigma_4(0) = [0.5, 0.3, 0.56], \omega_4(0) = [-0.2, -0.3, -0.5]$$

在控制协议（5-7）和（5-8）的作用下，选定满足条件的控制参数，数值仿真验证了理论结果的正确性。图5-2至图5-4分别显示了飞行器间的姿态追踪误差轨迹、角速度追踪误差以及控制力矩的大小。由图可知，跟随者飞行器的状态在有限时间内追踪上了领导者的状态，并得出了具体的收敛时间。

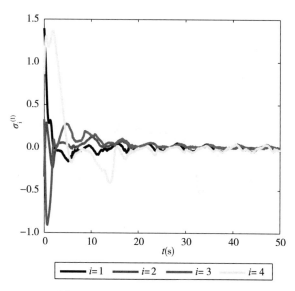

图5-2　飞行器间的姿态误差轨迹

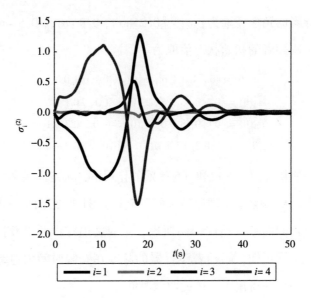

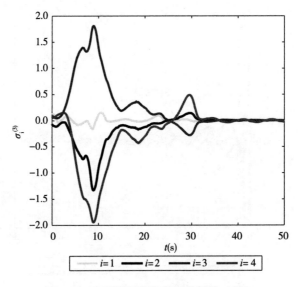

图 5-2　飞行器间的姿态误差轨迹（续）

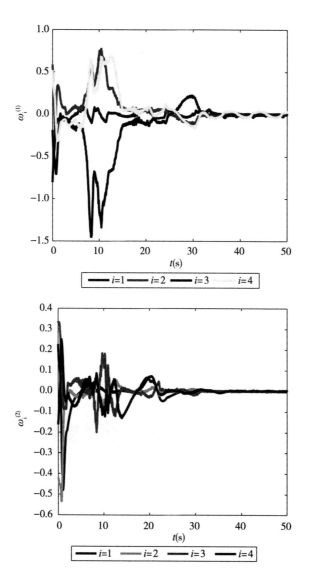

图 5-3 飞行器间的角速度误差轨迹

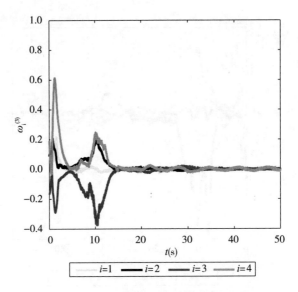

图 5-3　飞行器间的角速度误差轨迹（续）

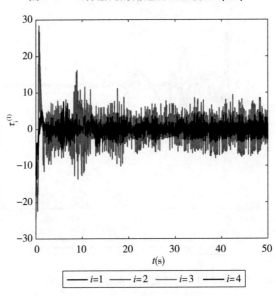

图 5-4　刚体飞行器的控制力矩

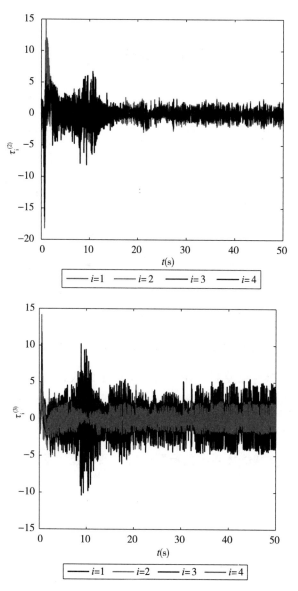

图 5-4　刚体飞行器的控制力矩（续）

5.6　本章小结

　　本章主要研究了多刚体飞行器系统的有限时间姿态同步和追踪问题。系统内刚体飞行器的姿态动力学由修正的 Rodriguez 参数表示，多刚体系统的动力学模型可由 Euler-Lagrange 方程描述。飞行器之间的通信拓扑为有向图，含有一个有向生成树，跟随者之间的通信是双向的，一个时变的动态领导者与跟随者的通信是单向的。由于只有一小部分的跟随者可以探测到领导者的姿态信息，提出了有效的分布式估计协议，在有限时间内对领导者的姿态信息，即跟随者将要达到的理想姿态做出了有效估计。基于估计信息提出一个分布式有限时间协调控制协议，在控制协议的作用下得到了有限时间的姿态协调和追踪控制，并且给出了确定的收敛时间。最后进行数值仿真，验证了理论的正确性。本章所考虑的多刚体飞行器系统是一种比较特殊的非线性系统，研究多刚体系统以及更为一般的非线性无领导者多智能体系统的有限时间一致性控制是需要进一步探讨的问题。

第**❻**章
二阶非线性多智能体系统的
有限时间控制

在前几章的内容中，我们分别讨论了二阶积分器多智能体系统以及多刚体系统的有限时间一致性控制问题，并设计分布式协议使系统达到具有期望干扰抑制能力的一致性结果。虽然已经考虑了实际工程环境中通常存在的随机外部干扰，但是所研究的多智能体系统动态模型仅限于线性微分方程和一类特定的 Lagrange 方程，即要求系统为精确可知的。然而在自然界和工程技术领域，非线性是最普遍的现象，因此对于非线性多智能体系统的研究是非常有必要的。

6.1 引言

近几年，由于非线性系统在实际工程中应用的普适性，将分布式控制方法应用到非线性多智能体系统的研究引起了学者们的广泛关注，并且取得了一系列的研究结果。这些结果分布在各种不同类型的非线性系统中，如 Meng 研究了 Euler-Lagrange 系统、LiZK（2011）研究了 Lur'e 非线性系统、Wen（2013）与 Duan（2009）研究了 Lorenz 非线性系统、MengZY（2013）讨论了二阶异质多智能体系统，以及 Wen（2014）、Yu（2011）、YuW（2013）讨论了二阶 Lipschitz 非线性系统。二阶 Lipschitz 非线性多智能体系统作为一类满足 Lipschitz 连续的非线性系统，具有重要的理论价值和实际应用价值。Yu（2011）与 YuW（2013）讨论了无向和有向通信拓扑下的二阶 Lipschitz 非线性多智能体系统达到了一致性，给出了系统收敛的充分必要条件，充分地说明了控制增益的设计与拓扑图的代数连通度有关。Wen（2014）研究了通信受限条件下的二阶 Lipschitz 非线性多智能体系统，给出了饱和控制协议，使得系统达到了一致性。关于一阶 Lipschitz 非线性多智能体系统的有限时间一致性的研究，Hui（2006）进行了讨论。Do（2014）利用齐次理论提出了反馈控制协议，在固定无向拓扑和切换拓扑下得到了二阶非线性多智能体系统的有限时间一致性控制，但是并没有给出确定的收敛时间。

基于以上文献结果，本章主要讨论二阶 Lipschitz 非线性多智能体系统在有向通信拓扑下的有限时间一致性问题。首先考虑了多领导者结构下的有限时间包容控制，在领导者的位置和速度信息都不可测的情形下，对跟随者将要达到的理想位置和理想速度做出有限时间估计，利用估计信息设计有效的分布式滑模控制协议，最终使得系统达到有限时间包容控制，并求得了具体的收敛时间。当系统只有一个跟随者时，基于包容控制的结果设计跟踪控制协议，使系统达到有限时间跟踪控制。最后给出了两个仿真实例，验证了结论的正确性。

6.2　问题描述及预备知识

本章研究有向通信网络拓扑下二阶非线性多智能体系统在有外部有界扰动的有限时间包容控制问题。考虑由 N 个跟随者、M 个领导者组成的多智能体系统，令 $F=\{1, 2, \cdots, N\}$ 为跟随者的集合，$L=\{N+1, N+2, \cdots, N+M\}$ 为领导者的集合。第 $i(i \in F)$ 个跟随者智能体具有如（6-1）所示的二阶非线性动力学模型：

$$\begin{aligned}
\dot{x}_i(t) &= v_i(t) \\
\dot{v}_i(t) &= f(x_i(t), v_i(t), t) + u_i(t) + \delta_i(t), \quad i \in F
\end{aligned} \tag{6-1}$$

其中，$x_i \in \mathbb{R}^n$ 表示第 i 个智能体的位置，$v_i \in \mathbb{R}^n$ 表示第 i 个智能体的速度，$u_i \in \mathbb{R}^n$ 表示输入第 i 个智能体的控制变量，非线性函数 $f(\cdot): \mathbb{R} \times \mathbb{R}^n \to \mathbb{R}^n$ 表示第 i 个智能体的动力加速度，而 $\delta_i \in \mathbb{R}^n$ 表示第 i 个智能体受到的外部有界扰动，且有 $\|\delta_i\| \leqslant C < \infty$。

多领导者的动力学模型如（6-2）所示。

$$\begin{aligned}
\dot{x}_k(t) &= v_k(t) \\
\dot{v}_k(t) &= g(x_k(t), v_k(t), t), \quad k \in L
\end{aligned} \tag{6-2}$$

其中，$g(\cdot)$：$\mathbb{R} \times \mathbb{R}^n \to \mathbb{R}^n$ 表示领导者的非线性动力。

分别记：

$$X_F = [x_1^T, x_2^T, \cdots, x_N^T]^T, \quad V_F = [v_1^T, v_2^T, \cdots, v_N^T]^T$$

$$X_L = [x_{N+1}^T, x_{N+2}^T, \cdots, x_{N+M}^T]^T, \quad V_L = [v_{N+1}^T, v_{N+2}^T, \cdots, v_{N+M}^T]^T$$

以及

$$G(x, v, t) = [g(x_{N+1}, v_{N+1}, t)^T, g(x_{N+2}, v_{N+2}, t)^T, \cdots, g(x_{N+M}, v_{N+M}, t)^T]^T$$

假设 6-1 对于跟随者智能体，假设对任意的 x_1，x_2，v_1，$v_2 \in \mathbb{R}^n$，都存在非负常数 ρ_1，ρ_2 满足不等式（6-3）：

$$\|f(x_1, v_1, t) - f(x_2, v_2, t)\| \leqslant \rho_1\|x_1 - x_2\| + \rho_2\|v_1 - v_2\| \tag{6-3}$$

假设 6-2 对于领导者智能体，假设存在非负常数 ρ_3 满足式（6-4）：

$$\|g(x_{N+i}, v_{N+i}, t)\| \leqslant \rho_3, \ i = 1, 2, \cdots, M \tag{6-4}$$

假设 6-3 假设智能体之间的通信拓扑是有向图，并含有有向生成树，即至少存在一条跟随者与领导者的直接路径，而领导者之间不通信。

根据以上假设，则系统的通信拓扑图对应的 Laplace 矩阵 $\mathcal{L}$ 可表示为：

$$\mathcal{L} = \begin{pmatrix} \mathcal{L}_1 & \mathcal{L}_2 \\ 0_{M \times N} & 0 \end{pmatrix} \tag{6-5}$$

其中，矩阵 $\mathcal{L}_2 \in \mathbb{R}^{N \times M}$ 至少含有一个正的元素，矩阵 $\mathcal{L}_1 \in \mathbb{R}^{N \times N}$ 是正定矩阵，且矩阵 $\mathcal{L}_1^{-1}$ 也是正定矩阵。根据引理 2-7，可得

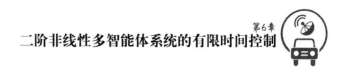

$$-\mathcal{L}_1^{-1}\,\mathcal{L}_2 \mathbf{1}_{M\times 1} = \mathbf{1}_{N\times 1}。$$

6.3　有限时间包容控制

本节主要研究多领导者结构下的有限时间包容控制问题，即设计分布式控制协议使得跟随者的状态信息可以在有限时间内收敛到领导者状态信息的凸包内。特别地，跟随者不可测出领导者的位置和速度信息时，我们首先提出分布式滑模估计协议，在有限时间内对领导者位置和速度信息的加权平均值做出精确的估计。利用估计值提出有效的分布式有限时间包容控制协议，最终达到控制目标。

6.3.1　有限时间估计

给出如（6-6）所示的分布式滑模估计协议：

$$\dot{\hat{x}}_i \;=\; \hat{v}_i - \kappa\mathrm{sign}\big[\sum_{j=1}^{N+M} a_{ij}(\hat{x}_i - \hat{x}_j)\big] \tag{6-6}$$

$$\dot{\hat{v}}_i \;=\; -\beta\mathrm{sign}\big[\sum_{j=1}^{N+M} a_{ij}(\hat{v}_i - \hat{v}_j)\big], i\in F \tag{6-7}$$

其中，$\hat{x}_i$，$\hat{v}_i (i\in F)$ 分别表示第 i 个跟随者智能体将要达到的理想位置与理想速度的估计值，且有 $\hat{x}_k = x_k$，$\hat{v}_k = v_k (k\in L)$，估计参数 $\kappa>0$，$\beta>\rho_3>0$。在此分别记 $X_0 = -(\mathcal{L}_1^{-1}\,\mathcal{L}_2\otimes I_n)X_L = [x_{01}^T, x_{02}^T, \cdots,$

$x_{0N}^T]^T$ 以及 $V_0 = -(\mathcal{L}_1^{-1}\mathcal{L}_2 \otimes I_n)V_L = [v_{01}^T, \ v_{02}^T, \ \cdots, \ v_{0N}^T]^T$。

定理 6-1 考虑在模型（6-1）、模型（6-2），假设 6-1、假设 6-3 成立的情况下，若估计参数满足 $\kappa > 0$，$\beta > \rho_3 > 0$，则在分布式滑模估计协议（6-6）、（6-7）的作用下，在有限时间内可得：

$$\hat{x}_i \to x_{0i}, \ \hat{v}_i \to v_{0i}, i \in F$$

即在有限时间内可估计出跟随者智能体达到的理想位置与理想速度。

证明： 令 $\bar{x}_i = \hat{x}_i - x_{0i}$，$\bar{v}_i = \hat{v}_i - v_{0i}$，$i \in F$，记 $\xi_1 = [\bar{x}_1, \ \bar{x}_2, \ \cdots, \ \bar{x}_N]$，$\xi_2 = [\bar{v}_1, \ \bar{v}_2, \ \cdots, \ \bar{v}_N]$，构造 Lyapunov 函数（6-8）：

$$V_1 = \frac{1}{2}\xi_1^T(\mathcal{L}_1 \otimes I_n)^T\xi_1 \tag{6-8}$$

关于 Lyapunov 函数 V_1 求导，并将估计协议（6-7）代入可得式（6-9）。

$$\dot{V}_1 = \xi_1^T(\mathcal{L}_1 \otimes I_n)^T\dot{\xi}_1$$

$$= \xi_1^T(\mathcal{L}_1 \otimes I_n)^T[-\beta\,\mathrm{sign}((\mathcal{L}_1 \otimes I_n)\xi_1) - \dot{V}_0]$$

$$= ((\mathcal{L}_1 \otimes I_n)\xi_1)^T[-\beta\,\mathrm{sign}((\mathcal{L}_1 \otimes I_n)\xi_1) - (\mathcal{L}_1^{-1}\mathcal{L}_2 \otimes I_n)\dot{V}_L]$$

$$= ((\mathcal{L}_1 \otimes I_n)\xi_1)^T[-\beta\,\mathrm{sign}((\mathcal{L}_1 \otimes I_n)\xi_1) - (\mathcal{L}_1^{-1}\mathcal{L}_2 \otimes I_n)G(x,v,t)]$$

$$\leqslant -(\beta - \rho_3\|\mathcal{L}_1^{-1}\mathcal{L}_2\|)\|(\mathcal{L}_1 \otimes I_n)\xi_1\|_1$$

$$\leqslant -(\beta - \rho_3)\|(\mathcal{L}_1 \otimes I_n)\xi_2\|_2$$

$$\leqslant -(\beta - \rho_3)\sqrt{\xi_1^T(\mathcal{L}_1 \otimes I_n)^2\xi_1}$$

$$\leqslant -(\beta - \rho_3)\lambda_{\min}(\mathcal{L}_1)\|\xi_2\|_2$$

$$\leqslant -\sqrt{2}(\beta - \rho_3)\frac{\lambda_{\min}(\mathcal{L}_1)}{\sqrt{\lambda_{\max}(\mathcal{L}_1)}}V_1^{\frac{1}{2}}$$

$$\tag{6-9}$$

综上所述，根据引理 2-8 可得式（6-10）。

$$\lim_{t \to T_1} \hat{v}_i = v_{0i}, i \in F \tag{6-10}$$

确定的收敛时间为：

$$T_1 = \frac{\sqrt{2}\sqrt{\lambda_{\max}(\mathcal{L}_1)}}{(\beta - \rho_3)\lambda_{\min}(\mathcal{L}_1)} V_1^{\frac{1}{2}}(0) \tag{6-11}$$

即当 $t \geqslant T_1$，v_{0i} 可被替换为 $\hat{v}_i$，$i \in F$。

当 $t \geqslant T_1$ 时，利用估计协议（6-6）构造如（6-12）所示的 Lyapunov 函数。

$$V_2 = \frac{1}{2}\xi_2^T(\mathcal{L}_1 \otimes I_n)^T \xi_2 \tag{6-12}$$

利用引理 2-1、引理 2-2 的条件，对函数 V_2 求导可得式（6-13）。

$$
\begin{aligned}
\dot{V}_2 &= \xi_2^T(\mathcal{L}_1 \otimes I_n)^T \dot{\xi}_2 \\
&= \xi_2^T(\mathcal{L}_1 \otimes I_n)^T[-\kappa \operatorname{sign}((\mathcal{L}_1 \otimes I_n)\xi_2)] \\
&\leqslant -\kappa \|(\mathcal{L}_1 \otimes I_n)\xi_2\|_1 \\
&\leqslant -\kappa \|(\mathcal{L}_1 \otimes I_n)\xi_2\|_2 \\
&\leqslant -\kappa \sqrt{\xi_2^T(\mathcal{L}_1 \otimes I_n)^2 \xi_2} \\
&\leqslant -\kappa \lambda_{\min}(\mathcal{L}_1)\|\xi_2\|_2 \\
&\leqslant -\sqrt{2}\kappa \frac{\lambda_{\min}(\mathcal{L}_1)}{\sqrt{\lambda_{\max}(\mathcal{L}_1)}} V_2^{\frac{1}{2}}
\end{aligned} \tag{6-13}
$$

根据引理 2-8，在有限时间成立式（6-14）。

$$\lim_{t \to T_2} \hat{x}_i = x_{0i}, i \in F \tag{6-14}$$

确定的收敛时间为：

$$T_2 = T_1 + \frac{\sqrt{2}\sqrt{\lambda_{\max}(\mathcal{L}_1)}}{\kappa \lambda_{\min}(\mathcal{L}_1)} V_2^{\frac{1}{2}}(T_1) \tag{6-15}$$

因此，当 $t \geqslant T_2$ 时，x_{0i} 可被替换为 $\hat{x}_i$，$i \in F$。

下一步我们将证明，当 $t \in [\,0,\ T_2)$ 时，跟随者智能体的位置与速度信息有界，给出如（6-16）所示的控制协议。

$$u_i = -(m_1 + 1)x_i - m_2 v_i - \mathcal{C} \otimes \mathbf{1}_n, \ i \in F, \ t < T_2 \tag{6-16}$$

其中，控制参数满足 $m_1 > \rho_1$，$m_2 > \rho_2$。

构造如（6-17）所示的 Lyapunov 函数。

$$V_3 = \frac{1}{2} X_F^T X_F + \frac{1}{2} V_F^T V_F \tag{6-17}$$

求导 Lyapunov 函数 V_3 可得式（6-18）。

$$
\begin{aligned}
\dot{V}_3 &= \sum_{i=1}^{N} \sum_{k=1}^{n} x_{ik}^T \dot{x}_{ik} + \sum_{i=1}^{N} \sum_{k=1}^{n} v_{ik}^T \dot{v}_{ik} \\
&= \sum_{i=1}^{N} \sum_{k=1}^{n} x_{ik}^T v_{ik} + \sum_{i=1}^{N} \sum_{k=1}^{n} v_{ik}^T [f(x_{ik}, v_{ik}, t) + u_{ik} + \delta_{ik}]
\end{aligned}
\tag{6-18}
$$

利用假设 6-1 的条件以及 $\|\delta_i\| \leqslant C < \infty$，将协议（6-16）代入导数 $\dot{V}_3$ 中可得方程（6-19）。

$$
\begin{aligned}
\dot{V}_3 &= \sum_{i=1}^{N} \sum_{k=1}^{n} x_{ik}^T v_{ik} + \sum_{i=1}^{N} \sum_{k=1}^{n} v_{ik}^T [f(x_{ik}, v_{ik}, t) - (m_1 + 1)x_{ik} - m_2 v_{ik} - \mathcal{C} + \delta_{ik}] \\
&\leqslant -(m_1 - \rho_1) \sum_{i=1}^{N} \sum_{k=1}^{n} |v_{ik}^T||x_{ik}| - (m_2 - \rho_2) \sum_{i=1}^{N} \sum_{k=1}^{n} |v_{ik}^T||v_{ik}| \\
&\leqslant -(m_2 - \rho_2) \sum_{i=1}^{N} \sum_{k=1}^{n} v_{ik}^T v_{ik} \leqslant 0
\end{aligned}
$$

$$\tag{6-19}$$

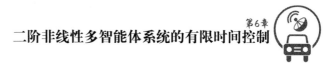

则由方程（6-19）可知，跟随者智能体的位置和速度信息将在时间段 $t \in (0, T_2)$ 内有界。

6.3.2 主要结论

在本节中，我们讨论当 $t \geqslant T_2$ 时，模型（6-1）、模型（6-2）将在有限时间内包容控制，给出如（6-20）所示的终端滑模变量。

$$s_i = \sum_{j=1, j \neq i}^{N+M} a_{ij}(x_i - x_j) + \gamma \sum_{j=1}^{N} l_{ij}\mathrm{sig}(v_j - \hat{v}_j)^{\alpha}, i \in F, t \geqslant T_2$$

（6-20）

其中，l_{ij} 是矩阵 $\mathcal{L}_1$ 的 (i, j) 元，参数满足 $\gamma > 0$，$1 < \alpha < 2$。

利用上述滑模变量，设计基于相对位置与相对速度的分布式滑模控制协议（6-21）。

$$u_i = -\frac{1}{\alpha\gamma}\mathrm{sig}(v_j - \hat{v}_j)^{2-\alpha} - m_1\phi_i - m_2\theta_i + (m_3 + C)\mathrm{sign}(s_i) - m_4\mathrm{sig}(s_i)^{\eta}$$
$$i \in F, t \geqslant T_2$$

（6-21）

其中，$\phi_i = (x_i \cdot \mathrm{sign}(s_i)) = (x_{i1}\mathrm{sign}(s_{i1})$，$x_{i2}\mathrm{sign}(s_{i2})$，$\cdots$，$x_{in}\mathrm{sign}(s_{in}))^T$，$\theta_i = (v_i \cdot \mathrm{sign}(s_i)) = (v_{i1}\mathrm{sign}(s_{i1})$，$v_{i2}\mathrm{sign}(s_{i2})$，$\cdots$，$v_{in}\mathrm{sign}(s_{in}))^T$，$i \in F$ 以及控制参数满足 $m_1 > \rho_1$，$m_2 > \rho_2$，$m_3 > \beta$，$m_4 > 0$，$0 < \eta < 1$。

主要的结果叙述如下：

定理 6-2 考虑二阶非线性多智能体系统（6-1）、（6-2），若假设 6-1、假设 6-3 成立，则在控制协议（6-21）作用下，跟随者智能体的状态将在有限时间内收敛到领导者智能体状态的凸包内，即有：$x_i \rightarrow Co(XL)$，$v_i \rightarrow Co(VL)$，$i \in F$。

证明： 记 $\xi_3 = (x_1 - \hat{x}_1,\ x_2 - \hat{x}_2,\ \cdots,\ x_N - \hat{x}_N)^T$，$\xi_4 = (v_1 - \hat{v}_1,\ v_2 - \hat{v}_2,\ \cdots,\ v_N - \hat{v}_N)^T$，则终端滑模变量（6-20）可表示为如（6-22）所示的向量形式：

$$S = (\mathcal{L}_1 \otimes I_n)\xi_3 + \gamma(\mathcal{L}_1 \otimes I_n)\mathrm{sig}(\xi_4)^\alpha,\ t \geq T_2 \qquad (6\text{-}22)$$

其中，$S = [s_1,\ s_2,\ \cdots,\ s_N]^T$，参数满足 $\gamma > 0$，$1 < \alpha < 2$。

求滑模变量 S 的导数可得式（6-23）。

$$\dot{S} = (\mathcal{L}_1 \otimes I_n)\xi_2 + \gamma(\mathcal{L}_1 \otimes I_n)B\dot{\xi}_2,\ t \geq T_2 \qquad (6\text{-}23)$$

记 $B = diag(B_i)$，其中 $B_i = diag(\mid v_{i1} - \hat{v}_{i1} \mid^{\alpha-1},\ \mid v_{i2} - \hat{v}_{i2} \mid^{\alpha-1},\ \cdots,\ \mid v_{in} - \hat{v}_{in} \mid^{\alpha-1})$，$i \in F$。

首先我们证明在有限时间内得到滑模变量 $S = 0$，给出如（6-24）所示的 Lyapunov 函数：

$$V_4 = \frac{1}{2}S^T(\mathcal{L}_1 \otimes I_n)^{-1}S \qquad (6\text{-}24)$$

当 $t \geq T_2$ 时，对于函数 V_4 求导可得式（6-25）：

$$\begin{aligned}
\dot{V}_4 &= S^T(\mathcal{L}_1 \otimes I_n)^{-1}\dot{S} \\
&= S^T[\dot{\xi}_3 + \alpha\gamma B\dot{\xi}_4] \qquad (6\text{-}25)\\
&= S^T\dot{\xi}_3 + \alpha\gamma S^T B\dot{\xi}_4
\end{aligned}$$

利用假设 6-3 的条件及 $\parallel \delta_i \parallel \leq C < \infty$，将方程（6-20）和方程

（6-21）代入 $\dot{V}_4$ 可得式（6-26）。

$$
\begin{aligned}
\dot{V}_4 &= \sum_{i=1}^{N}[s_i^T(\dot{x}_i - \dot{\hat{x}}_i) + \alpha\gamma s_i^T B_i(\dot{v}_i - \dot{\hat{v}}_i)] \\
&= \sum_{i=1}^{N}\{s_i^T(\dot{x}_i - \dot{\hat{x}}_i) + \alpha\gamma s_i^T B_i[f(x_i, v_i, t) + u_i + \delta_i - \dot{\hat{v}}_i]\} \\
&= \sum_{i=1}^{N}\alpha\gamma s_i^T B_i\{f(x_i, v_i, t) + \delta_i - m_1\phi_i - m_2\theta_i \\
&\quad - (m_3 + \mathcal{C})\text{sign}(s_i) - \dot{\hat{v}}_i - m_4\text{sig}(s_i)^\eta\} \\
&= \alpha\gamma\sum_{i=1}^{N} s_i^T|v_i - \hat{v}_i|^{\alpha-1}\{f(x_i, v_i, t) - m_1\phi_i - m_2\theta_i + \delta_i - \mathcal{C}\text{sign}(s_i) \\
&\quad - m_3\text{sign}(s_i) - \beta\text{sign}[\sum_{j=1}^{N+M} a_{ij}(\hat{v}_i - \hat{v}_j)] - m_4\text{sig}(s_i)^\eta\} \\
&\leqslant -\alpha\gamma(m_1 - \rho_1)\sum_{i=1}^{N}\sum_{k=1}^{n}|v_{ik} - \hat{v}_{ik}|^{\alpha-1}|s_{ik}||x_{ik}| \\
&\quad -\alpha\gamma(m_2 - \rho_2)\sum_{i=1}^{N}\sum_{k=1}^{n}|v_{ik} - \hat{v}_{ik}|^{\alpha-1}|s_{ik}||v_{ik}| \\
&\quad -\alpha\gamma(m_3 - \beta)\sum_{i=1}^{N}\sum_{k=1}^{n}|v_{ik} - \hat{v}_{ik}|^{\alpha-1}|s_{iv}| \\
&\quad -\alpha\gamma m_4\sum_{i=1}^{N}\sum_{k=1}^{n} s_{ik}^T|v_{ik} - \hat{v}_{ik}|^{\alpha-1}\text{sig}(s_{ik})^\eta \\
&\leqslant -\alpha\gamma m_4\sum_{i=1}^{N}\sum_{k=1}^{n} s_{ik}^T|v_{ik} - \hat{v}_{ik}|^{\alpha-1}|s_{ik}|^\eta\text{sign}(s_{ik})
\end{aligned}
\tag{6-26}
$$

当 $v_{ik} - \hat{v}_{ik} \neq 0$ 时，取 $\Gamma = \min_{i \in F, k = 1, \cdots, n}\{\mid v_{ik} - \hat{v}_{ik}\mid^{\alpha-1}\}$，则 $\Gamma > 0$。其中 s_{ik}、v_{ik}、$\hat{v}_{ik}$ 分别表示变量 s_i、v_i、$\hat{v}_i$ 的第 k 元，$i = 1, 2, \cdots, N$，$k = 1, 2, \cdots, n$，并有 $m_4 > 0$。

因此可得式（6-27）。

$$
\begin{aligned}
\dot{V}_4 &\leqslant -\alpha\gamma m_4\Gamma\sum_{i=1}^{N}\sum_{k=1}^{n}|s_{ik}|^{1+\eta} \\
&\leqslant -\alpha\gamma m_4\Gamma(\sum_{k=1}^{n}|s_{ik}|^2)^{\frac{1+\eta}{2}} \\
&= -\alpha\gamma m_4\Gamma\|S\|_2^{1+\eta} \\
&\leqslant -\alpha\gamma m_4\Gamma(2\lambda_{\min}(\mathcal{L}_1))^{\frac{1+\eta}{2}}V_3^{\frac{1+\eta}{2}}
\end{aligned}
\tag{6-27}
$$

综上所述，当 $v_{ik}-\hat{v}_{ik}\neq 0$，$i=1, 2, \cdots, N$，$k=1, 2, \cdots, n$，且有 $\Gamma>0$，即满足引理 2-8 的条件时，在有限时间内可得滑模变量 $S=0$，收敛时间为：

$$
T_3\leqslant T_2+\frac{2V_4(T_2)^{\frac{1-\eta}{2}}}{\alpha\gamma m_4\Gamma(1-\eta)(2\lambda_{\min}(\mathcal{L}_1))^{\frac{1+\eta}{2}}}
\tag{6-28}
$$

在此我们需要说明，当 $\sum_{j=1}^{N}sj\neq 0$ 时，在非零时间区间内恒有 $\xi_4\neq 0$。当 $t\geqslant T_2$ 时，将方程（6-21）代入（6-1）中可得式（6-29）：

$$
\begin{aligned}
\dot{v}_i &= f(x_i, v_i, t) - m_1\phi_i - m_2\theta_i + \delta_i - (\mathcal{C} + m_3)\mathrm{sign}(s_i) \\
&\quad - m_4\mathrm{sig}(s_i)^{\eta}, \ i\in F
\end{aligned}
\tag{6-29}
$$

进一步有式（6-30）。

$$
\begin{aligned}
\dot{\xi}_{4i} &= \dot{v}_i - \dot{\hat{v}}_i \\
&= f(x_i, v_i, t) - m_1\phi_i - m_2\theta_i + \delta_i - \mathcal{C}\mathrm{sign}(s_i) \\
&\quad - m_3\mathrm{sign}(s_i) - m_4\mathrm{sig}(s_i)^{\eta} - \dot{\hat{v}}_i, \ i\in F
\end{aligned}
\tag{6-30}
$$

如果 $\xi_{4i}=0$ 及 $s_i\neq 0$，我们可得式（6-31）。

$$\dot{\xi}_{4i} = f(x_i, v_i, t) - m_1\phi_i - m_2\theta_i + \delta_i - \mathcal{C}\text{sign}(s_i)$$

$$-m_3 sign(s_i) + \beta\sum_{j=1}^{N} T_{ij} sign(\sum_{k=1}^{N+M} a_{jk}(\hat{v}_j - \hat{v}_k)) - m_4\text{sig}(s_i)^{\eta}$$

$$\leqslant -m_4\text{sig}(s_i)^{\eta}, \; i \in F$$

$$(6-31)$$

控制参数满足：$m_1 > \rho_1$，$m_2 > \rho_2$，$m_3 > \beta$，$m_4 > 0$ 及 $\|\delta_i\| \leqslant C < +\infty$，可知如果 $s_i > 0$（或 $s_i < 0$），即可得 $\xi_{4i} < 0$（或 $\xi_{4i} > 0$），$i \in F$，因此，可知 $\xi_4 = 0$ 不是相空间的吸引子。

下一步，我们说明智能体的相对信息将在滑模面上 $S = 0$ 有限时间内滑到平衡点。

非奇异的终端滑模变量可写为：

$$S = (\mathcal{L}_1 \otimes I_N)\xi_3 + \gamma(\mathcal{L}_1 \otimes I_3)\text{sig}(\xi_4)^{\alpha} = 0 \qquad (6-32)$$

已知假设 6-3 成立，则根据引理 2-4 可得矩阵 $\mathcal{L}_1$ 为正定矩阵，即有式（6-33）。

$$(x_i - \hat{x}_i) + \gamma\text{sig}(v_i - \hat{v}_i)^{\alpha} = 0, \; i \in F \qquad (6-33)$$

当 $t \geqslant T_2$ 时，根据定理 6-1 可知，变量 x_{0i}、v_{0i} 可分别被 $\hat{x}_i$、$\hat{v}_i$（$i \in F$）替换，因此滑模变量（6-32）可写为等价形式（6-34）。

$$(x_i - x_{0i}) + \gamma\text{sig}(v_i - v_{0i})^{\alpha} = 0, \; i \in F \qquad (6-34)$$

即有式（6-35）。

$$(v_i - v_{0i}) + (\frac{1}{\gamma})^{\frac{1}{\alpha}}|(x_i - x_{0i})|^{\frac{1}{\alpha}}\text{sign}(x_i - x_{0i}) = 0 \qquad (6-35)$$

定义 Lyapunov 函数为（6-36）。

$$V_5 = \sum_{i=1}^N V_{5i} = \sum_{i=1}^N \frac{1}{2}(x_i - x_{0i})^T(x_i - x_{0i}),\ i \in F \qquad (6-36)$$

关于 V_{5i} 求导数可得（6-37）。

$$\dot{V}_{5i} = (x_i - x_{0i})^T(v_i - v_{0i}) \qquad (6-37)$$

即可得（6-38）。

$$\begin{aligned}
\dot{V}_{5i} &\leqslant -(\frac{1}{\gamma})^{\frac{1}{\alpha}}(x_i - x_{0i})^T |(x_i - x_{0i})|^{\frac{1}{\alpha}} \mathrm{sign}(x_i - x_{0i}) \\
&= -(\frac{1}{\gamma})^{\frac{1}{\alpha}} \sum_{k=1}^n |(x_{ik} - x_{0ik})|^{1+\frac{1}{\alpha}},\ i \in F
\end{aligned} \qquad (6-38)$$

利用引理 2-2 可得方程（6-39）。

$$\begin{aligned}
\dot{V}_{5i} &= -(\frac{1}{\gamma})^{\frac{1}{\alpha}} \sum_{k=1}^n ((x_{ik} - x_{0ik})^2)^{\frac{1+\frac{1}{\alpha}}{2}} \\
&= -(\frac{1}{\gamma})^{\frac{1}{\alpha}} (2V_{5i})^{\frac{1+\frac{1}{\alpha}}{2}},\ i \in F
\end{aligned} \qquad (6-39)$$

方程（6-39）满足引理 2-8 的条件，即在有限时间内可得式（6-40）。

$$x_i - x_{0i} \to 0,\ v_i - v_{0i} \to 0,\ i \in F \qquad (6-40)$$

即有式（6-41）：

$$x_i \to \mathrm{Co}\{X_L\},\ v_i \to \mathrm{Co}\{V_L\},\ i \in F \qquad (6-41)$$

这里确定的收敛时间为：

$$T_4 = T_3 + \frac{\gamma^{\frac{1}{\alpha}} V_5(T_3)^{\frac{1-\frac{1}{\alpha}}{2}}}{2^{\frac{1+\frac{1}{\alpha}}{2}}} \qquad (6-42)$$

证毕。

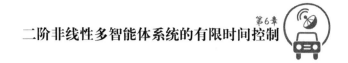

6.3.3 仿真实例1

在此考虑由6个跟随者和3个领导者组成的非线性多智能体系统，通信拓扑为有向图，见图6-1。

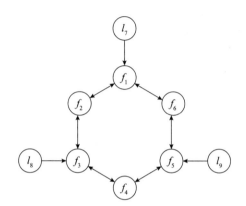

图6-1 智能体间的通信拓扑图

给出跟随者智能体的非线性动力学模型（6-43）。

$$f(x_i, v_i, t) = \begin{pmatrix} -0.1x_{i1} - 0.25v_{i1} + 0.2\sin(t) \\ -0.1\sin(x_{i2}) - 0.1\cos(t) \\ -0.25\cos(v_{i3}) \end{pmatrix}, i = 1, 2, \cdots, 6$$

（6-43）

以及领导者智能体的动力学模型（6-44）。

$$f(x_i, v_i, t) = (0.5\cos(2.5t), 0.1\sin(0.5t), 0.5\cos(1.5t))^T, i = 7, 8, 9$$

（6-44）

外部扰动取 $\delta_i = 1.5\sin(t) \otimes I_3$，$i = 1, 2, \cdots, 6$。

基于定理 6-1 和定理 6-2，对于估计协议（6-6）、估计协议（6-7），滑模变量（6-20）以及控制协议（6-21）中的控制参数分别取为：$\beta=0.5$，$\gamma=0.6$，$\alpha=1.2$，$\eta=0.2$，$m_1=0.5$，$m_2=0.5$，$m_3=1.2$，$m_4=0.5$，$C=0.5$。图 6-2 至图 6-6 分别显示了智能体间的位置误差信息、速度误差信息、位置状态信息、速度状态信息以及控制输入。即可得约在有限时间 $t=6$s 时刻，跟随者智能体的状态收敛到了领导者智能体状态的凸包内，数值仿真验证了理论结果的正确性。

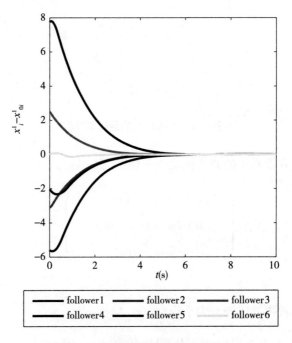

图 6-2 智能体间的位置误差轨迹

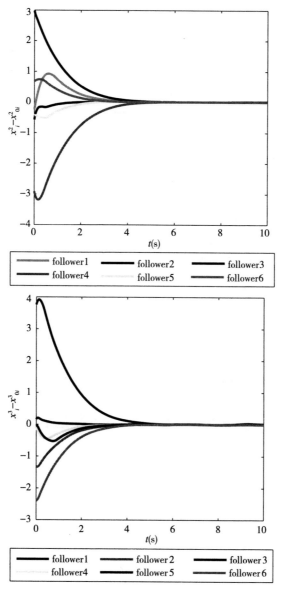

图6-2　智能体间的位置误差轨迹（续）

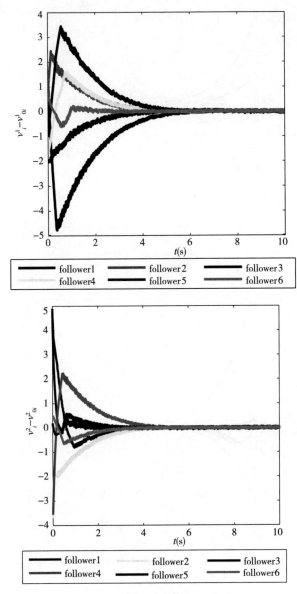

图 6-3 智能体间的速度误差轨迹

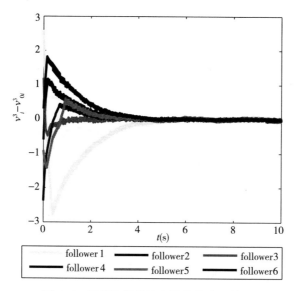

图6-3 智能体间的速度误差轨迹（续）

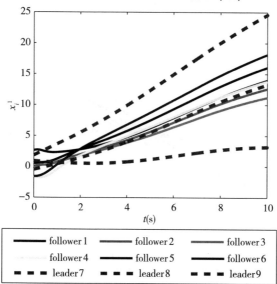

图6-4 所有智能体的位置状态轨迹

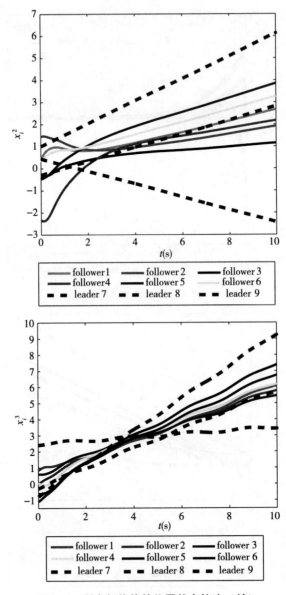

图 6-4　所有智能体的位置状态轨迹（续）

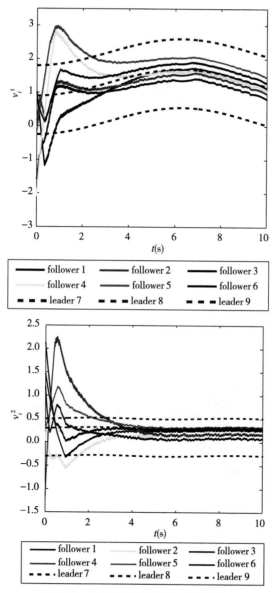

图 6-5 所有智能体的速度状态轨迹

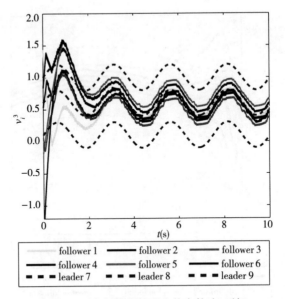

图 6-5　所有智能体的速度状态轨迹（续）

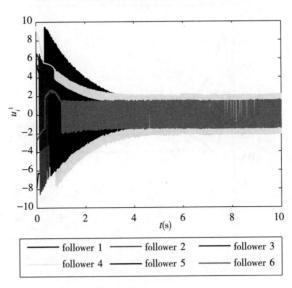

图 6-6　跟随者智能体的控制输入

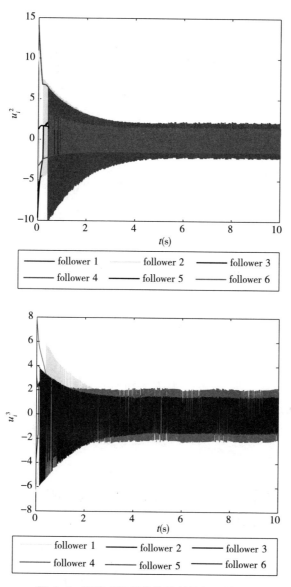

图6-6 跟随者智能体的控制输入（续）

6.4 有限时间跟踪控制

6.4.1 主要结论

在上一节中主要讨论了多领导者结构下的二阶非线性多智能体系统的有限时间包容控制问题，基于有向通信拓扑设计的分布式控制协议，有效地抑制了外部有界干扰。本节以上一节的内容为基础，进一步简化主要结果，考虑了有一个领导者的跟踪控制问题。

跟随者智能体的动力学模型见（6-1），有一个领导者的非线性动力学模型见（6-45）。

$$\dot{x}_0(t) = v_0(t)$$
$$\dot{v}_0(t) = g(x_0(t), v_0(t), t) \qquad (6\text{-}45)$$

其中，$g(\cdot)$：$\mathbb{R} \times \mathbb{R}^n \to \mathbb{R}^n$ 表示领导者固有的非线性动力学，且满足假设 6-2。

本书第 5 章中考虑的是多刚体系统的追踪问题，即所提到的智能体间的通信拓扑的有关定义和性质都可应用到本节的内容中，这里就不重复给出了。下面我们将给出本节的主要内容，考虑模型（6-1）与模型（6-45），弱化上一节的约束条件，在智能体的位置信息和速度信息都可测的情形下，实现有限时间跟踪控制。

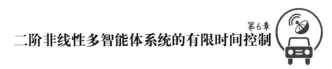

首先基于系统的通信拓扑，给出智能体状态的相对误差变量：

$$e_x^i = \sum_{j=1,j \neq i}^N a_{ij}(x_i - x_j) + b_i(x_i - x_0) \tag{6-46}$$

$$e_v^i = \sum_{j=1,j \neq i}^N a_{ij}(v_i - v_j) + b_i(v_i - v_0) \tag{6-47}$$

令 $\zeta_1 = [\, e_x^1,\ e_x^2,\ \cdots,\ e_x^N \,]^T$ 及 $\zeta_2 = [\, e_v^1,\ e_v^2,\ \cdots,\ e_v^N \,]^T$，则相应的误差系统可表示为：

$$\begin{aligned} \dot{\zeta}_1 &= \zeta_2 \\ \dot{\zeta}_2 &= (\mathcal{L}_1 \otimes I_n)(F_1(x,v,t) + U + \Delta) - (B \otimes I_n)G_0(x,v,t) \end{aligned} \tag{6-48}$$

其中：

$$F_1(x,v,t) = [f(x_1,v_1,t)^T, f(x_2,v_2,t)^T, \cdots, f(x_N,v_N,t)^T]^T$$

$$G_0(x,v,t) = [g(x_0,v_0,t)^T, g(x_0,v_0,t)^T, \cdots, g(x_0,v_0,t)^T]^T$$

$$B = diag\{b_1, b_2, \cdots, b_N\}$$

向量 U，Δ 见上节所得。

定义如（6-49）所示的终端滑模变量。

$$s_i = e_x^i + \beta \mathrm{sig}(e_v^i)^\alpha, \quad i = 1, \cdots, N \tag{6-49}$$

可写为如（6-50）所示的向量形式。

$$S = \zeta_1 + \beta \mathrm{sig}(\zeta_2)^\alpha \tag{6-50}$$

且有 $S = [\, s_1,\ s_2,\ \cdots,\ s_N \,]^T$ 以及控制参数满足 $\beta > 0$，$1 < \alpha < 2$。

考虑模型（6-1）与模型（6-45），给出如（6-51）所示的基于相对信息的分布式控制协议。

$$u_{ik} = -T_{ij}\{\frac{e_v^{ik}}{\beta\alpha|e_v^{ik}|^{\alpha-1}} + [(2N+1)\mathcal{C} + m_1|e_x^{ik}| + m_2|e_v^{ik}| + m_3]\text{sign}(s_{ik})\}$$

$$i = 1, 2, \cdots, N, k = 1, 2, \cdots, n$$

$$(6\text{-}51)$$

其中，T_{ij} 表示矩阵 $\mathcal{L}_1^{-1}$ 的 (i, j) 元，控制参数满足 $m_1 > \rho_1$，$m_2 > \rho_2$，$m_3 > 0$。

定理 6-3　考虑有一个领导者的二阶非线性系统（6-1）与（6-45），在控制协议（6-51）的作用下，跟随者智能体的位置与速度信息将在有限时间内跟踪上领导者的状态信息，即在有限时间内有

$$x_i \to x_0, v_i \to v_0, i = 1, 2, \cdots, N$$

证明： 控制协议（6-50）可写为如（6-52）所示的矩阵形式。

$$U = -(\mathcal{L}_1^{-1} \otimes I_n)[B_1 \otimes I_n + (B_2 \otimes I_n)\text{sign}(S)] \quad (6\text{-}52)$$

其中，

$$B_1 = diag\{\frac{e_v^{11}}{\beta\alpha|e_v^{11}|^{\alpha-1}}, \frac{e_v^{12}}{\beta\alpha|e_v^{12}|^{\alpha-1}}, \cdots, \frac{e_v^{Nn}}{\beta\alpha|e_v^{Nn}|^{\alpha-1}}\}$$

$$B_2 = diag\{(2N+1)\mathcal{C} + m_1|e_x^{11}| + m_2|e_v^{11}| + m_3, \cdots$$

$$(2N+1)\mathcal{C} + m_1|e_x^{Nn}| + m_2|e_v^{Nn}| + m_3\}$$

证明过程主要分为两步：

第一步　我们证明在有限时间内可得滑模变量 $S = 0$，构造 Lyapunov 函数：$V = \frac{1}{2} S^T S$。

在此令$B_3 = diag\{|e_v^{11}|^{\alpha-1}, |e_v^{12}|^{\alpha-1}, \cdots, |e_v^{Nn}|^{\alpha-1}\}$

求 Lyapunov 函数 V 的导数，并将方程（6-49）及（6-51）代入可得式（6-53）。

$$\dot{V} = S^T \dot{S}$$

$$= S^T\{\xi_2 + \beta\alpha B_3[(\mathcal{L}_1 \otimes I_n)(F_1 + U + \Delta) - (B \otimes I_n)F_2]\}$$

$$= S^T\{\xi_2 + \beta\alpha B_3[(\mathcal{L}_1 \otimes I_n)(-(\mathcal{L}_1^{-1} \otimes I_n)((B_1 \otimes I_n)$$
$$+ (B_2 \otimes I_n)\mathrm{sign}(S)) + \Delta) + (\mathcal{L}_1 \otimes I_n)F_1 - (B \otimes I_n)F_2]\}$$

$$= S^T\{-\beta\alpha B_3[(B_2 \otimes I_n)\mathrm{sign}(S) + (\mathcal{L}_1 \otimes I_n)\Delta$$
$$+ (\mathcal{L}_1 \otimes I_n)F_1 - (B \otimes I_n)F_2]\}$$

$$= -\beta\alpha \sum_{i=1}^{N}\sum_{k=1}^{n} |s_{ik}||e_v^{ik}|^{\alpha-1}((2N+1)\mathcal{C})$$

$$-\beta\alpha \sum_{i=1}^{N}\sum_{k=1}^{n} |s_{ik}||e_v^{ik}|^{\alpha-1}(m_1|e_x^{ik}| + m_2|e_v^{ik}|) \qquad (6\text{-}53)$$

$$-\beta\alpha \sum_{i=1}^{N}\sum_{k=1}^{n} |s_{ik}||e_v^{ik}|^{\alpha-1}(m_3)$$

$$-\beta\alpha \sum_{i=1}^{N}\sum_{k=1}^{n} s_{ik}|e_v^{ik}|^{\alpha-1}[\sum_{j=1,j\neq i}^{N} a_{ij}(f_{ik} - f_{jk}) + b_i(f_{ik} - f_{0k})]$$

$$+\beta\alpha \sum_{i=1}^{N}\sum_{k=1}^{n} s_{ik}|e_v^{ik}|^{\alpha-1}(\sum_{j=1,j\neq i}^{N} a_{ij} + b_i)(\delta_{ik})$$

$$+\beta\alpha \sum_{i=1}^{N}\sum_{k=1}^{n} s_{ik}|e_v^{ik}|^{\alpha-1}(\sum_{j=1,j\neq i}^{N} (a_{ij}\delta_{jk}))$$

利用假设 6-1 和假设 6-2 以及 $\parallel \delta_i \parallel \leqslant C < \infty$，可得式（6-54）。

$$
\begin{aligned}
\dot{V} \leqslant &-\beta\alpha\sum_{i=1}^{N}\sum_{k=1}^{n}|s_{ik}||e_v^{ik}|^{\alpha-1}((2N+1)\mathcal{C}) \\
&-\beta\alpha\sum_{i=1}^{N}\sum_{k=1}^{n}|s_{ik}||e_v^{ik}|^{\alpha-1}(m_1|e_x^{ik}|+m_2|e_v^{ik}|) \\
&-\beta\alpha\sum_{i=1}^{N}\sum_{k=1}^{n}|s_{ik}||e_v^{ik}|^{\alpha-1}(m_3) \\
&+\beta\alpha\sum_{i=1}^{N}\sum_{k=1}^{n}|s_{ik}||e_v^{ik}|^{\alpha-1}(\rho_1|e_x^{ik}|+\rho_2|e_v^{ik}|) \\
&+\beta\alpha\sum_{i=1}^{N}\sum_{k=1}^{n}|s_{ik}||e_v^{ik}|^{\alpha-1}(N+1)\mathcal{C} \\
&+\beta\alpha\sum_{i=1}^{N}\sum_{k=1}^{n}|s_{ik}||e_v^{ik}|^{\alpha-1}(N\mathcal{C}) \\
= &-\beta\alpha(m_1-\rho_1)\sum_{i=1}^{N}\sum_{k=1}^{n}|s_{ik}||e_v^{ik}|^{\alpha-1}|e_x^{ik}| \\
&-\beta\alpha(m_2-\rho_2)\sum_{i=1}^{N}\sum_{k=1}^{n}|s_{ik}||e_v^{ik}|^{\alpha-1}|e_v^{ik}| \\
&-\beta\alpha m_3\sum_{i=1}^{N}\sum_{k=1}^{n}|s_{ik}||e_v^{ik}|^{\alpha-1} \\
\leqslant &-\beta\alpha m_3\sum_{i=1}^{N}\sum_{k=1}^{n}|s_{ik}||e_v^{ik}|^{\alpha-1}
\end{aligned}
\tag{6-54}
$$

在此取 $\overline{\Gamma} = \min_{i=1,\cdots,N,\,k=1,\cdots,n}\{\beta\alpha m_3\mid e_v^{ik}\mid^{\alpha-1}\}$，则当 $e_v^{ik}\neq 0$ 时，有 $\overline{\Gamma}>0$，这里 $i=1,2,\cdots,N$，$k=1,2,\cdots,n$ 以及 $m_3>0$。

因此，我们可得式（6-55）：

· 118 ·

$$\dot{V} \leqslant -\bar{\Gamma}\sum_{i=1}^{N}\sum_{k=1}^{n}|s_{ik}|, \; i=1,2,\cdots,N, \; k=1,2,\cdots,n \qquad (6\text{-}55)$$

根据引理 2-2 可得式（6-56）：

$$\dot{V} \leqslant -\bar{\Gamma}\sum_{i=1}^{N}\sum_{k=1}^{n}(|s_{ik}|)^{\frac{1}{2}} = -\sqrt{2}\bar{\Gamma}V^{\frac{1}{2}} \qquad (6\text{-}56)$$

即当 $e_v^{ik}\neq 0$，$i=1,2,\cdots,N$，$k=1,2,\cdots,n$ 时，有 $\bar{\Gamma}>0$，且满足引理 2-8 的条件，得出滑模变量 $S=0$ 在有限时间内成立，确定的收敛时间为：

$$t_1^* = \sqrt{2}V(0)^{\frac{1}{2}}/\bar{\Gamma}$$

当 $e_v^{ik}=0$，$i=1,2,\cdots,N$，$k=1,2,\cdots,n$ 时，结论仍成立，详见第 5 章证明。

第二步 要说明的是，在滑模面 $S=0$ 上，误差系统（6-48）的状态信息将在有限时间内趋近于零，证明过程与第 5 章的内容类似，这里就不详细陈述了，因为所研究的系统不同，故得出的收敛时间是不相等的，这一部分的收敛时间为：

$$t_2^* = \frac{\alpha}{\beta^{-\frac{1}{\alpha}}(\alpha-1)}\max(|e_x^{ik}(0)|^{\frac{\alpha-1}{\alpha}}), i=1,\cdots,N, k=1,\cdots,n \quad (6\text{-}57)$$

即在有限时间 $T=t_1^*+t_2^*$ 内，二阶非线性多智能体系统（6-1）与模型（6-45）得到跟踪控制。

6.4.2 仿真实例 2

考虑由 4 个跟随者和 1 个领导者组成的系统，有向通信拓扑图见图 6-7。

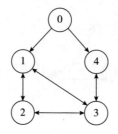

图 6-7　智能体的通信拓扑图

跟随者与领导者的非线性动力方程分别取（6-58）。

$$f(x_i, v_i, t) = \begin{pmatrix} -0.1x_{i1} - 0.25v_{i1} + 0.5\cos(2.5t) \\ -0.5\sin(x_{i2}) - 0.25v_{i2} \\ -0.15x_{i3} - 0.15\sin(v_{i3}) \\ i = 0, 1, 2, 3, 4 \end{pmatrix}, \quad (6\text{-}58)$$

外部有界扰动为：

$$\delta_i = 0.1\sin(t) \otimes I_3, i = 1, 2, 3, 4$$

基于滑模变量（6-49）及控制协议（6-51）的控制参数分别选取：$\beta = 1.2$，$\alpha = 1.5$，$m_1 = 0.5$，$m_2 = 0.5$，$m_3 = 0.1$，$C = 0.15$。图 6-8 至图 6-12 分别显示了智能体的位置状态、速度状态、相对位置误差、相对速度误差以及控制输入的变化趋势。由图 6-8 至图 6-12 可见，跟随者智能体的状态信息约在时刻 $t = 6\text{s}$ 处跟踪上了领导者的状态，即验证了理论的正确性。

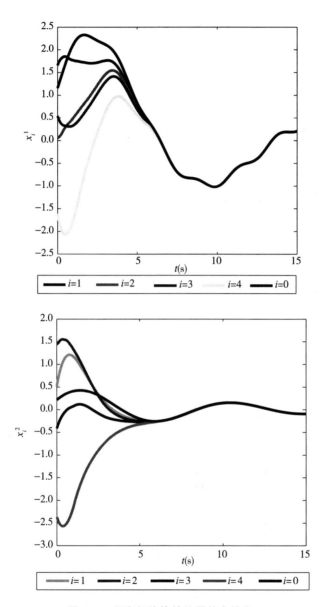

图6-8 所有智能体的位置状态信息

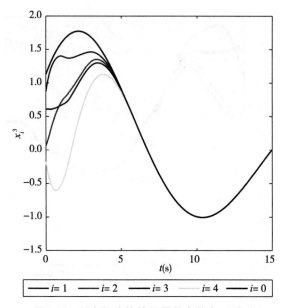

图 6-8   所有智能体的位置状态信息 (续)

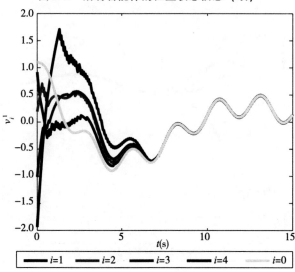

图 6-9   所有智能体的速度状态信息

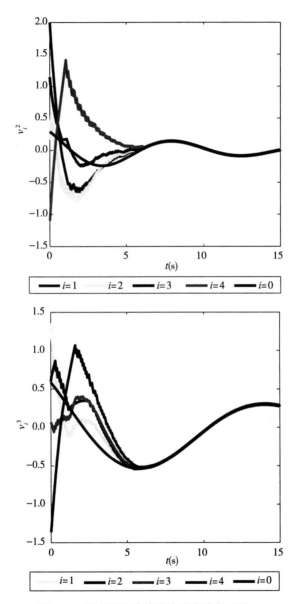

图6-9 所有智能体的速度状态信息（续）

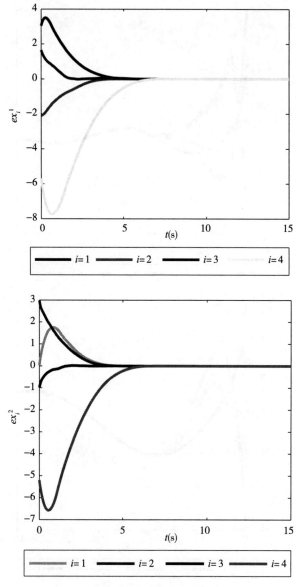

图 6-10 智能体间的相对位置误差

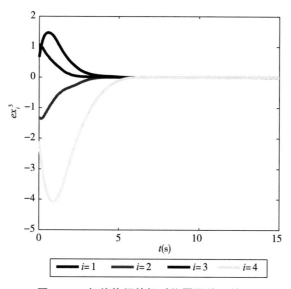

图 6-10　智能体间的相对位置误差（续）

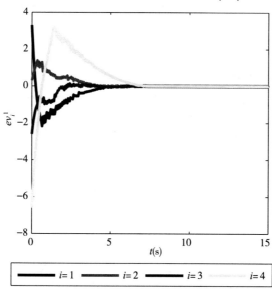

图 6-11　智能体间的相对速度误差

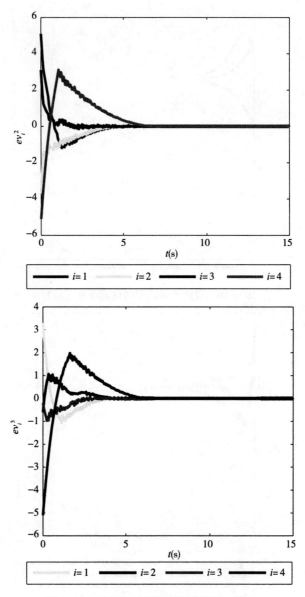

图 6-11   智能体间的相对速度误差（续）

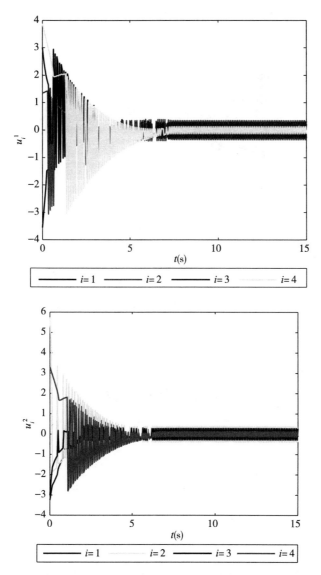

图6-12　跟随者智能体的控制输入

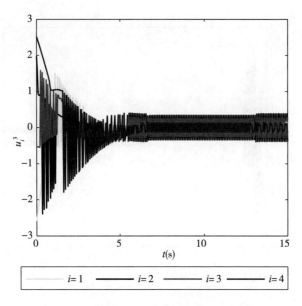

图 6-12　跟随者智能体的控制输入（续）

6.5　本章小结

　　本章考虑了一类二阶非线性多智能体系统的有限时间一致性控制问题，包括多领导者结构下的包容控制与一个领导者领导下的跟踪控制。考虑的通信拓扑图都为含有有向生成树的有向图，并加入了外部有界扰动。首先讨论的是有多领导者的包容控制问题，特别地，在领导者智能体的位置与速度信息都不可测的情形下，给出分布式估计协议，对跟随者智能体将要达到的理想状态做出了有限时间估计，利用估计信息设计了有效的分布式控制协议，在控制协议的作用下，跟随者智能体的位置信息与速度信息都在有限时间内收敛到了领导者信息的凸包内，并求出了具体的收敛时间。其次考虑了有一个领导者的跟踪控制问题，基于上文给出的包容控制结论与第 5 章关于多刚体飞行器系统的追踪控制的讨论，简化结论并设计了针对二阶非线性系统的分布式有限时间跟踪控制协议，使得所研究系统的跟随者智能体在有限时间内跟踪上了领导者智能体，既得到了有限时间跟踪控制，也求出了具体的收敛时间。关于包容控制与跟踪控制两部分的内容，我们分别给出了两个仿真实例，验证了理论的正确性。

参考文献

[1] Minsky M. The society of mind [M]. Newyork, NY: Sinmon and Schuster, 1988.

[2] Sumpter D. The principles of collective animal behavior [J]. Philosophical Transactions of the Royal Society B: Biological Sciences, 2006, 361 (1465): 5-22.

[3] Ren W., Beard R. W. and Atkins E. Infaormation comsensus in multivehicle cooperative control [J]. IEEE Control Systems Magazine, 2007, 27 (2): 71-82.

[4] Olfati-Saber R., Fax J. A. and Murray R. M. Consensus and cooperation in networked multiagent systems [J]. Proceedings of the IEEE, 2007, 95 (1): 215-233.

[5] Ren W. and Beard R. W. Distributed consensus in multi-vehicle cooperative control: Theory and applications [M]. Springer-Verlag London Limited, 2008.

[6] Wong H., Queiroz M. S. and Kapila V. Adaptive tracking con-

trol using synthesized velocity from attitude measurements [J]. Automatic, 2001, 37 (6): 947-953.

[7] Chopra N. and Spong M. W. On exponential synchronization of Kuramoto oscillators [J]. IEEE Transactions on Automatic Control, 2009, 54 (2): 353-357.

[8] Ren W. Formation keeping and attitude alignment for multiple spacecraft through local interactions [J]. AAJA Journal of Guidance, Control and Dynamics, 2007, 30 (2): 633-638.

[9] Shen W. Distributed manufactacturing scheduling using intelligent agents [J]. IEEE Transactions on Intelligent Systems, 2002, 17 (1): 88-94.

[10] Olfati-Saber R. Flocking for multi-agent dynamic systems: Algorithms and theory [J]. IEEE Transactions on Automatic Control, 2006, 51 (3): 401-420.

[11] Cortes J. Distributed kriged kalman filter for spatial estimation [J]. IEEE Transactions on Automatic Control, 2009, 54 (12): 2816-2827.

[12] Borkar V. and Varaiya P. Asymptotic Agreement in Distributed Estimation [J]. IEEE Transactions on Automatic Control, 1982, 27 (3): 650-655.

[13] Tsitsiklis J. N., Bertsekas D. P. and Athans M. Distributed Asynchronous deterministic and stochastic gradient optimization algorithms

[J]. IEEE Transactions on Automatic Control, 1986, 31 (9): 803-812.

[14] Bertsekas D. P. and Tsitsiklis J. N. Parallel and distributed computation [M]. Upper Saddle River, NJ: Prentice-Hall, 1989.

[15] Vicsek T., Cziroók A., Ben-Jacob E. et al. Novel type of phase transition in a system of self-driven particles [J]. Physics Review Letters, 1995, 75 (6): 1226-1229.

[16] Jadbabaie A., Lin J. and Morse A. S. Coordination of Groups of Mobile Autonomous Agents Using Nearest Neighbor Rules [J]. IEEE Transactions on Automatic Control, 2003, 48 (6): 988-1001.

[17] Bertsekas D. P. and Tsitsiklis J. N. Comments on Coordination of Groups of Mobile Autonomous Agents Using Nearest Neighbor Rules [J]. IEEE Transactions on Automatic Control, 2007, 52 (5): 968-969.

[18] Liu Z. X. and Guo L. Connectivity and synchronization of vicseck's model [J]. Science in China Series F: Information Sciences, 2008, 51 (7): 848-858.

[19] Tang G. G. and Guo L. Convergence of a class of multi-agent systems in probabilistic framework [J]. Journal of Systems Science and Complexity, 2007, 20 (2): 173-197.

[20] Li Q. and Jiang Z. P. Global analysis of multi-agent systems based on Vicsek's model [J]. IEEE Transactions on Automatic Control, 2009, 54 (12): 2876-2881.

[21] Olfati-Saber R. and Murray R. M. Consensus problems in

networks of agents with switching topology and time-delays [J]. IEEE Transactions on Automatic Control, 2004, 49 (9): 1520-1533.

[22] Ren W. and Beard R. W. Consensus Seeking in Multiagent Systems under Dynamically Changing Interaction Topologies [J]. IEEE Transactions on Automatic Control, 2005, 50 (5): 655-661.

[23] Xiao L. and Boyd S. Fast linear iterations for distributed averaging [J]. Systems & Control Letters, 2004, 53 (1): 65-78.

[24] Angeli D. and Bliman P. A. Convergence speed of unsteady distributed consensus: decay estimate along the settling spanning-trees [J]. SIAM Journal on Control and Optimization, 2009, 48 (1): 1-32.

[25] Zhou J. and Wang Q. Convergence speed in distributed consensus over dynamically switching random networks [J]. Automatica, 2009, 45 (6): 1455-1461.

[26] Yu W. W., Chen G. R. and Cao M. Some necessary and suficient conditions for second-order consensus in multi-agent dynamical systems [J]. Automatica, 2010, 46 (6): 1089-1095.

[27] Wen G. H., Duan Z. S., Yu W. W. and Chen G. R. Consensus in multi-agent systems with communication constraints [J]. International Journal of Roubust and Nonlinear Control, 2012, 22 (2): 170-182.

[28] Tian Y. P. and Liu C. L. Robust Consensus of Multi-Agent Systems with Diverse Input Delays and Asymmetric Interconnection Perturbations [J]. Automatica, 2009, 45 (5): 1347-1353.

[29] Ren W., Moore K. and Chen Y. Q. High-Order Consensus Algorithms in Cooperative Vehicle Systems [A] //Proceedings of the IEEE International Conference on Networking, Sensing and Control [C]. 2006: 457-462.

[30] Xie G. M., Wang L. and Jia Y. M. Output Agreement in High-Dimensional Multi-Agent Systems [A] //Proceedings of the American Control Conference [C]. 2009: 2243-2248.

[31] Tuna S. E. Conditions for synchronizability in arrays of coupled linear systems [J]. IEEE Transactions on Automatic Control, 2009, 54 (10): 2416-2420.

[32] Qu Z. H., Wang J. and Hull R. A. Cooperative control of dynamical systems with application to autonomous vehicles [J]. IEEE Transactions on Automatic Control, 2008, 53 (4): 894-911.

[33] Yang T., Roy S., Wan Y. and Saberi A. Constructing consensus controllers for networks with identical general linear agents [J]. International Journal of Robust and Nonlinear Control, 2011, 21 (11): 1237-1256.

[34] Li Z. K., Duan Z. S., Chen G. R. and Huang L. Consensus of multiagent systems and synchronization of complex networks: a unified viewpoint [J]. IEEE Transactions on Circuits and Systems I: Regular Papers, 2010, 57 (1): 213-224.

[35] Ren W. Distributed leaderless consensus algorithms for net-

worked Euler-Lagrange systems [J]. International Journal of Control, 2009, 82 (11): 2137-2149.

[36] Chen G. and Lewis F. L. Distributed adaptive tracking control for synchronization of unknown networked Lagrangian systems [J]. IEEE Transactions on Systems, Man and Cybernetics, Part B: Cybernetics, 2011, 41 (3): 805-816.

[37] Abdessameud A. and Tayebi A. Attitude synchronization of a group of spacecraft without velocity measurements [J]. IEEE Transactions on Automatic Control, 2009, 54 (11): 2642-2648.

[38] Park Y. Robust and optimal attitude stabilization of spacecraft with external disturbances [J]. Aeronautical Science and Technology, 2005, 9 (3): 253-259.

[39] Meng Z. Y., Ren W. and You Z. Decentralised cooperative attitude tracking using modified rodriguez parameters based on relative attitude information [J]. IEEE Transactions on Control Systems technology, 2010, 18 (2): 383-392.

[40] Ahmed J., CoppolaV. T. and Bernstein D. S. Adaptive asymptotic tracking of spacecraft attitude motion with inertia matrix identification [J]. Journal of Guidance, Control and Dynamics, 1998, 21 (5): 684-691.

[41] Slotine J-J. E. and Benedetto M. D. Hamiltonian adaptive control of spacecraft [J]. IEEE Transactions on Automatic Control,

多智能体系统的有限时间一致性控制问题
Several Issues of Finite-time Consensus Control for Multi-Agent Systems

1990, 35（7）: 848-852.

［42］Wen G. H., Duan Z. S., Chen G. R. and Yu W. W. Consensus tracking of multi-agent systems with Lipschitz-type node dynamics and switching topologies ［J］. IEEE Transactions on Circuits and Systems I: Regular Papers, 2014, 61（2）: 499-511.

［43］Wen G. H., Yu W. W., Zhao Y. and Cao J. D. Pinning synchronisation in fixed and switching directed networks of Lorenz-type nodes ［J］. IET Control Theory & Applications, 2013, 7（10）: 1387-1397.

［44］Duan Z. S. and Chen G. R. Global robust stability and synchronization of networks with Lorenz-type nodes ［J］. IEEE Transactions on Circuits and Systems II: Express Briefs, 2009, 56（8）: 679-683.

［45］DeLellis P., di Bernardo M. and Garofalo F. Adaptive pinning control of networks of circuits and systems in Lur'e form ［J］. IEEE Transactions on Circuits and Systems I: Regular Papers, 2013, 60（11）: 3033-3042.

［46］Yu W. W., Chen G. R. and Cao M. Consensus in directed networks of agents with nonlinear dynamics ［J］. IEEE Transactions on Automatica control, 2011, 49（7）: 2107-2115.

［47］Yu W. W., Ren W., You Z. et al. Distributed control gains design for consensus in multi-agent systems with second-order nonlinear dynamics ［J］. Automatia, 2013, 49（7）: 2107-2115.

［48］Li Z. K., Duan Z. S. and Chen G. R. Global synchronized

regions of linearly coupled Lur'e systems [J]. International Journal of Control, 2011, 84 (2): 216-227.

[49] Li Z. K., Duan Z. S., Xie L. H. and Liu X. D. Distributed robust control of linear multi-agent systems with parameter uncertainties [J]. International Journal of Control, 2012, 85 (8): 1039-1050.

[50] Peymani E., Grip H. F., Saberi A. et al. H_∞ almost output synchronization for heterogeneous networks of introspective agents under external disturbances [J]. Automatica, 2014, 50 (4): 1026-1036.

[51] Lin P., Jia Y. M. and Li L. Distributed robust H_∞ consensus control in directed networks of agents with time-delay [J]. Systems & Control Letters, 2008, 57 (8): 643-653.

[52] Wang J., Duan Z. S., Li Z. K. and Wen G. H. Distributed H_∞ and H_2 consensus control in directed networks [J]. International Journal of Control, 2014, 8 (3): 193-201.

[53] Zhang H. W., Lewis F. L. and Das A. Optimal design for synchronization of cooperative systems: State feedback, observer and output feedback [J]. IEEE Transactions on Automatic Control, 2011, 56 (8): 1948-1952.

[54] Su H. S., Chen G. R., Wang X. F. and Lin Z. L. Adaptive second-order consensus of networked mobile agents with nonlinear dynamics [J]. Automatica, 2011, 47 (2): 368-375.

[55] Yu H. and Xia X. H. Adaptive consensus of multi-agents in

networks with jointly connected topologies [J]. Automatica, 2012, 48 (8): 1783-1790.

[56] Yu H., Shen Y. J. and Xia X. H. Adaptive finite-time consensus in multi-agent networks [J]. Systems & Control Letters, 2013, 62 (10): 880-889.

[57] Chen W. S., Li X. B., Ren W. and Wen C. Y. Adaptive consensus of multi-agent systems with unknown identical control directions based on a novel Nussbaum-type function [J]. IEEE Transactions on Automatic Control, 2014, 59 (7): 1887-1892.

[58] Dimarogonas D. V., Frazzoli E. and Johansson K. H. Distributed event-triggered control for multi-agent systems [J]. IEEE Transactions on Automatic Control, 2012, 57 (5): 1291-1297.

[59] Fan Y., Feng G., Wang Y. and Song C. Distributed event-triggered control of multi-agent systems with combinational measurements [J]. Automatica, 2013, 49 (2): 671-675.

[60] Seyboth G. S., Dimarogonas D. V. and Johansson K. H. Event-based broadcasting for multi-agent average consensus [J]. Automatica, 2013, 49 (1): 245-252.

[61] Yu W. W., Chen G. R., Cao M. and Ren W. Delay-induced consensus and quasi-consensus in multi-agent dynamical systems [J]. IEEE Transactions on Circuits and Systems I: Regular Papers, 2013, 60 (10): 2679-2687.

[62] Loos A. M., Gernert R. and Klapp S. H. Delay-induced transport in a rocking ratchet under feedback control [J]. Physical Review E, 2014, 89 (5): 1-11.

[63] Pan H. H., Sun W. H., Gao H. J. et al. Robust adaptive control of non-linear time-delay systems with saturation constraints [J]. IET Control Theory & Applications, 2014, 9 (1): 103-113.

[64] Liu T. and Jiang Z. P. Distributed formation control of non-holonomic mobile robots without global position measurements [J]. Automatica, 2013, 49 (2): 592-600.

[65] Lu X. Q., Austin F. and Chen S. H. Formation control for second-order multi-agent systems with time-varying delays under directed topology [J]. Communications in Nonlinear Science and Numerical Simulation, 2012, 17 (3): 1382-1391.

[66] Zhu J. D., Lü J. H. and Yu X. H. Flocking of multi-agent non-holonomic systems with proximity graphs [J]. IEEE Transactions on Circuits and Systems I: Regular Papers, 2013, 60 (1): 199-210.

[67] Wang H. L. Flocking of networked uncertain Euler-Lagrange systems on directed graphs [J]. Automatica, 2013, 49 (9): 2774-2779.

[68] Dong H. L., Wang Z. D., Lam J. and Gao H. J. Distributed filtering in sensor networks with randomly occurring saturations and successive packet dropouts [J]. International Journal of Robust and Nonlinear Control, 2014, 24 (12): 1743-1759.

［69］ Matei I. and Baras J. S. Consensus-based linear distributed filtering ［J］. Automatica, 2012, 48 （8）: 1776-1782.

［70］ Bhat S. P. and Bernstein D. S. Continuous finite-time stabilization of the translational and rotational double integrators ［J］. IEEE Transactions on Automatic Control, 1998, 43 （5）: 678-682.

［71］ Hong Y. G., Huang J. and Xu Y. S. On an output feedback finite-time stabilization problem ［J］. IEEE Transactions on Automatic Control, 2001, 46 （2）: 305-309.

［72］ Bhat S. P. and Bernstein D. S. Finite-time stability of homogeneous systems ［C］. IEEE Proceedings of the 1997 American Control Conference, 1997, 4: 2513-2514.

［73］ Wang X. L. and Hong Y. G. Finite-time consensus for multi-agent networks with second order agent dynamics ［C］. IFAC World Congress, 2008: 15185-15190.

［74］ Zhao Y., Duan Z. S., Wen G. H. and Zhang Y. J. Distributed finite-time tracking control for multi-agent systems: An observer-based approach ［J］. Systems & Control Letters, 2013, 62 （1）: 22-28.

［75］ Cortes J. Finite-time convergent gradient fiows with applications to network consensus ［J］. Automatica, 2006, 42 （11）: 1993-2000.

［76］ Khoo S. Y., Xie L. H. and Man Z. H. Robust finite-time consensus tracking algorithm for multi-robot systems ［J］. IEEE Transactions on Mechatronics, 2009, 14 （2）: 219-228.

[77] Hui Q., Haddad W. M. and Bhat S. P. Finite-time semistability and consensus for nonlinear dynamical networks [J]. IEEE Transactions on Automatic Control, 2008, 53 (8): 1887-1900.

[78] Wang L. and Xiao F. Finite-time consensus problems for networks of dynamic agents [J]. IEEE Transactions on Automatic Control, 2010, 55 (4): 950-955.

[79] Zhao L. W. and Hua C. C. Finite-time consensus tracking of second-order multi-agent systems via nonsingular TSM [J]. Nonlinear Dynamics, 2013, 75 (1-2): 311-318.

[80] Yu S. H., Yu X. H., Shirinzadeh B. et al. Continuous finite time control for robotic manipulators with terminal sliding mode [J]. Automatica, 2005, 41 (11): 1957-1964.

[81] Song Z. K., Li H. X. and Sun K. B. Finite-time control for nonlinear spacecraft attitude based on terminal sliding mode technique [J]. ISA transactions, 2014, 53 (1): 117-124.

[82] Bhat S. P. and Bernstein D. S. Finite-time stability of continuous autonomous systems [J]. SIAM Journal on Control and Optimization, 2000, 38 (3): 751-766.

[83] Zhong C. X., Guo Y., Yu Z. et al. Finite-time attitude control for fiexible spacecraft with unknown bounded disturbance [J]. Transactions of the Institute of Measurement and Control, 2016, 38 (2): 240-249.

[84] Zhang Y. J., Yang Y., Zhao Y. and Wen G. H. Distributed fi-

nite‐time tracking control for nonlinear multi‐agent systems subject to external disturbances [J]. International Journal of Control, 2013, 86 (1): 29‐40.

[85] Li S. H., Du H. B. and Lin X. Z. Finite‐time consensus algorithm for multi‐agent systems with double‐integrator dynamics [J]. Automatica, 2011, 47 (8): 1706‐1712.

[86] Jiang F. C. and Wang L. Finite‐time information consensus for multi‐agent systems with fixed and switching topologies [J]. Physica D: Nonlinear Phenomena, 2009, 238 (16): 1550‐1560.

[87] Wang L. and Xiao F. Finite‐time consensus problems for networks of dynamic agents [J]. IEEE Transactions on Automatic Control, 2010, 55 (4): 950‐955.

[88] Xiao F., Wang L., Chen J. and Gao Y. P. Finite‐time formation control for multi‐agent systems [J]. Automatica, 2009, 45 (11): 2605‐2611.

[89] Du H. B., Li S. H. and Ding S. H. Bounded Consensus Algorithms for Multi‐Agent Systems in Directed Networks [J]. Asian Journal of Control, 2013, 15 (1): 282‐291.

[90] Sayyaadi H. and Doostmohammadian M. R. Finite‐time consensus in directed switching network topologies and time‐delayed communications [J]. Scientia Iranica, 2011, 18 (1): 75‐85.

[91] Lu X. Q. and Lu R. Q., Chen S. H. and Lü J. H. Finite‐

Time distributed tracking control for multi – agent systems with a virtual leader [J]. IEEE Transactions on Circuits and Systems I: Regular Papers, 2013, 60 (2): 352-362.

[92] Hui Q. Finite-time rendezvous algorithms for mobile autonomous agents [J]. IEEE Transactions on Automatic Control, 2011, 56 (1): 207-211.

[93] Zhao L. W. and Hua C. C. Finite-time consensus tracking of second-order multi-agent systems via nonsingular TSM [J]. Nonlinear Dynamics, 2014, 75: 311-318.

[94] Cao Y. C., Ren W. and Meng Z. Y. Decentralized finite – time sliding mode estimators and their applications in decentralized finite-time formation tracking [J]. Systems & Control Letters, 2010, 59 (9): 522-529.

[95] Y. Di., Wu Q. H. and Song L. Finite time estimation and containment control of second order perturbed directed networks [C]. Proceedings of the 50th IEEE Conference on Decision and Control and European Control Conference. IEEE, 2011: 4126-4131.

[96] Zheng Y. S. and Wang L. Finite-time consensus of heterogeneous multi-agent systems with and without velocity measurements [J]. Systems & Control Letters, 2012, 61 (8): 871-878.

[97] Zheng Y. S., Zhu Y. R. and Wang L. Finite-time consensus of multiple second – order dynamic agents without velocity measurements

[J]. International Journal of Systems Science, 2014, 45 (3): 579-588.

[98] Xu X. and Wang J. Z. Finite-Time Consensus Tracking for Second-Order Multiagent Systems [J]. Asian Journal of Control, 2013, 15 (4): 1246-1250.

[99] Zhang Y. J. and Yang Y. Finite-time consensus of second-order leader-following multi-agent systems without velocity measurements [J]. Physics Letters A, 2013, 377 (3): 243-249.

[100] Zhang Y. J., Yang Y. and Zhao Y. Finite-time consensus tracking for harmonic oscillators using both state feedback control and output feedback control [J]. International Journal of Robust and Nonlinear Control, 2013, 23 (8): 878-893.

[101] Zhao Y., Duan Z. S. and Wen G. H. Finite - time consensus for second-order multi-agent systems with saturated control protocols [J]. IET Control Theory, Applications, 2014, 9 (3): 312-319.

[102] Meng Z. Y., Ren W. and You Z. Distributed finite-time attitude containment control for multiple rigid bodies [J]. Automatica, 2010, 46 (12): 2092-2099.

[103] Du H. B., Li S. B. and Qian C. J. Finite-time attitude tracking control of spacecraft with application to attitude synchronization [J]. IEEE Transactions on Automatic Control, 2011, 56 (11): 2711-2717.

[104] Chen G. and Yu M. Finite - time tracking control for

networked mechanical systems [C]. Proceedings of the 31st Chinese Control Conference, IEEE, 2012: 5764-5769.

[105] Hui Q., Haddad W. M. and Bhat S. P. Finite-time semistability and consensus for nonlinear dynamical networks [J]. IEEE Transactions on Automatic Control, 2008, 53 (8): 1887-1900.

[106] Cao Y. C., Ren W., Chen F. and Zong G. D. Finite-time consensus of multi-agent networks with inherent nonlinear dynamics under an undirected interaction graph [C]. Proceedings of the 2011 American Control Conference. IEEE, 2011: 4020-4025.

[107] Zhang Y. J., Yang Y., Zhao Yu. and Wen G. H. Distributed finite-time tracking control for nonlinear multi-agent systems subject to external disturbances [J]. International Journal of Control, 2013, 86 (1): 29-40.

[108] Do H. B., He Y. G. and Cheng Y. Y. Finite-time synchronization of a class of second-order nonlinear multi-agent systems using output feedback control [J]. IEEE Transactions on Circuits Systems-I, 2014, 61 (6): 1778-1788.

[109] Graham A. Kronecker products and matrix calculus with applications [M]. Halsted, New York, 1981.

[110] Graham R. L. An efficient algorith for determining the convexhull of a finite planar set [J]. Information Processing Letters, 1972, 1 (4): 132-133.

［111］ Hardy G., Littlewood J. and Polya G. Inequalities ［M］. Cambridge University Press: Cambridge, U. K., 1952.

［112］ Godsil C. and Royle G. Algebraic Graph Theory ［M］. Graduate Texts in Mathematics, Springer, New York, 2001.

［113］ Agaev R. and Chebotarev P. On the spectra of nonsymmetric Laplacian matrices ［J］. Linear Algebra and its Applications, 2005, 399: 157-178.

［114］ Agaev R. and Chebotarev P. The matrix of maximum out forests of a digraph and its applications ［J］. Automation and Remote Control, 2000, 61 (9): 1424-1450.

［115］ Horn R. A. and Johnson C. R. Matrix analysis ［M］. Cambridge University Press, 1990.

［116］ Ren W. and Beard R. W. Consensus seeking in multiagent systems under dynamically changing interaction topology ［J］. IEEE Transactions on Automatic Control, 2005, 50 (5): 655-661.

［117］ Kim Y. and Mesbahi M. On maximizing the second smallest eigenvalue of a state-dependent graph Laplacian ［J］. IEEE Transactions on Automatic Control, 2006, 51 (1): 116-120.

［118］ Feng Y., Yu X. H. and Man Z. H. Non-singular terminal sliding mode control of rigid manipulators ［J］. Automatica, 2002, 38 (12): 2159-2167.

［119］ Lin X. and Stephen B. Fast linear iterations for distributed

averaging [J]. Systems & Control Letters, 2004, 53 (1): 65-78.

[120] Olfati-Saber R. Ultrafast consensus in small-world networks [C]. Proceedings of the 2005 American Control Conference. IEEE, 2005: 2371-2378.

[121] Du H. B. and Li S. H. Finite-time cooperative attitude control of multiple spacecraft using terminal sliding mode control technique [J]. International Journal Model identification Control, 2012, 16 (4): 327-333.

[122] Meng Z. Y., Lin Z. and Ren W. Robust cooperative tracking for multiple non-identical secong-order nonlinear systems [J]. Automatica, 2013, 48 (8): 2363-2372.

后　记

　　光阴荏苒，日月如梭，三年半的博士学习生活一晃而过。回想过往，博士生活丰富而充实，点点滴滴离不开身边的老师、同学、亲人、朋友的相伴相助。

　　首先要感谢我的导师王青云教授。从 2006 年硕士研究生入学至今，王老师指导我完成了硕士阶段的学习，指引我走向工作岗位。在工作的第三个年头，我有幸考入北京航空航天大学，又一次师从王老师门下攻读博士学位。王老师有着渊博的学识，在专业学习上引领我入门，细心答疑解惑，我的每一篇文章的完成都离不开他无数次的修改，大到内容主题，小到标点符号，且每一个过程都让我受益良多。这种认真严谨的治学态度、深厚的科学研究素养，一直是我教学工作和科学研究道路上学习的目标。在生活上，王老师也是我的榜样，他为人谦和，对人对事热情，有着坚强的毅力。在需要做出抉择的人生阶段遇到王老师是我的幸运。我能够顺利完成学业，胜任自己的工作，并且在工作和学习上取得进步，与王老师的关心和指导是分不开的。细数过往，如果只用一句话来表达我对王

老师的感激之情，那么我想说：王老师是我一辈子的导师，祝恩师一生平安幸福！

更要感谢我的师爷陆启韶教授。陆老师为人谦逊，和蔼可亲，在学术上有着深厚的造诣，是我学习的楷模。衷心感谢陆老师在博士学习期间对我的指导和鼓励。

感谢北京大学的段志生教授，读博期间有幸进入段老师组织的讨论班上学习，讨论班上老师和同学们对前沿学科的探讨和交流，让我学到了很多东西，并且帮助我解决了许多专业方面的困难。再次感谢段老师以及他所带领的课题组成员对我的指导和帮助。

感谢东南大学的虞文武教授，即使受到地域上的限制，虞老师也总会通过邮件发来一些与我专业相关的文献，并且在百忙之中抽出时间帮我修改文章，指导我的研究思路和研究方法。虞老师是年轻学者中的佼佼者，活跃的学术研究思路、严谨的学术研究态度都值得我学习，再次感谢虞老师对我的指导和帮助。

有幸能攻读北京航空航天大学一般力学教研室的博士研究生，感谢教研室的老师和同学们给予我的帮助和鼓励，在博士期间生活和学习上给予我的关心和照顾。同时也感谢同在北京航空航天大学求学的我的同事兼好友毕远宏和王娟，为了共同的目标，我们努力奋斗，互相支持鼓励。有幸能结识这么多良师益友，这是我一辈子的财富。

特别要感谢我亲爱的父母，是他们养育我长大成人，是他们一路上无私地给予我关爱、支持和鼓励。因为有了他们的辛勤付出，才有了我今天的成就，愿我的父母永远健康平安。感谢亲人和朋友们多年来的关心和鼓励！